이태리 할머니 파스타

PASTA GRANNIES

논나들이 물려주는 이탈리아 가정식 비법

비키 베니슨 지음
김현희 옮김

일러두기

- 이 책에 나오는 외국어 단어들은 국립국어원 외래어표기법을 따랐으나 일부 용어들은 관용적인 표기를 존중했다.
  (예: 라사냐 → 라자냐, 리소토 → 리조토 등)
- 재료 단위 중 TS는 테이블스푼, ts는 티스푼을 뜻한다.
- 괄호 안 작은 글자는 한국 독자들을 위해 한국어판에 추가한 것이다.
- 본문의 주석(*)은 한국 독자들을 위해 한국어판에 추가한 것으로, 내용은 269쪽에 표제어 가나다순으로 나와 있다.

들어가는 글
9쪽

수제 파스타 만들기
15쪽

달걀 파스타 반죽 만들기
18쪽

듀럼밀 반죽 만들기
21쪽

자주 묻는 질문
22쪽

1 견과류와 허브 26쪽

2 채소 54쪽

3 콩 86쪽

4 감자와 뇨키 108쪽

5 해산물 130쪽

6 육류 152쪽

7 국물 파스타 200쪽

8 라비올리와 토르텔리 222쪽

감사의 말
246쪽

내가 만난
이탈리아 할머니들
250쪽

요리 상세 목차
267쪽

주석
269쪽

찾아보기
270쪽

들어가는 글

이탈리아의 새벽은 어부들이 바다에 그물을 내리고, 치즈 제조업자들이 우유를 끓이고, 빵집 주인이 반죽을 오븐에 넣는 시간이다. 그 밖에 부지런히 새벽을 여는 사람들이 있다면 바로 점심때 가족에게 먹일 파스타를 만드는 논나nonna, 할머니들이다. 이들은 이른 아침이야말로 파스타를 만들기에 가장 좋은 시간대라고 입을 모은다. 이탈리아 할머니에게 사랑이란 정성껏 만든 맛있는 음식을 식탁에 올리는 것이다. 예전에는 오늘날만큼 먹을 것이 풍부하지 않았기 때문에 선택의 여지가 많지 않았다. 음식과 가족은 둘 다 귀하고 소중한 대상이었고, 부족한 재료로 가족들을 배불리 먹이기 위해서 파스타는 완벽한 선택지였다.

이탈리아 사람들은 모두 자신의 논나를 최고의 요리사로 생각한다. 할머니가 애정을 듬뿍 담아 만든 맛있는 음식을 일요일 점심이나 일상의 식탁에서 맛본 경험이 있기 때문이다. 그들의 할머니는 스스로 반죽을 밀 수 있을 나이가 됐을 때부터 아무 준비 없이 요리의 세계에 입문했다. 시작은 자신이 사는 지역의 대표적인 파스타 두세 가지를 배우는 것으로 충분했다. 북부 산악 지대의 치즈와 버터로 범벅된 뇨키부터 햇살이 눈부신 남부의 토마토소스로 버무린 볼록한 오르키에테나 배배 꼬인 푸실리까지 이탈리아 파스타의 종류는 놀랄 만큼 다양하다. 그중에는 탈리아텔레처럼 친숙한 것도 있지만, 이탈리아 사람들도 잘 모를 만큼 생소한 사르데냐 주의 번데기 모양 파스타, 마카로네 데 운자macarrones de ungia 같은 것도 있다.

많은 이탈리아 할머니들은 자신의 오르토(텃밭)에서 껍질콩이며 양파, 허브 따위를 직접 키운다. 알뜰해서가 아니라 그렇게 키운 채소가 더 맛있기 때문이다. 루차 할머니의 말처럼 재료가 좋으면 음식 맛은 저절로 완성된다. 곧바로 먹지 않을 재료는 병조림, 피클, 오일 절임 등으로 만들거나 햇볕에 말려 겨우내 먹는다. 이탈리아 전역에는 주방 찬장이나 팬트리에 마른 고추며 토마토 파사타(생토마토를 갈아서 체에 내린 것), 알록달록한 모둠 채소 피클 병들이 가득한 집들이 많다.

이탈리아 할머니들은 파스타를 비롯한 모든 음식에 대한 자신만의 비법 레시피를 가지고 있다. 이 책은 바로 그들(나는 이들을 '파스타 할머니들Pasta Grannies'이라 부른다)의 레시피를 모은 것이다. 그들은 유튜브 채널의 출연진이기도 하다. 지금부터 이 채널이 만들어진 과정을 소개하겠다.

파스타 할머니들의 이야기

이탈리아 할머니를 처음 만난 날, 내가 가장 먼저 본 것은 그녀의 무릎이었다. 마르케 주 세라데콘티에 있는 카르디날레 씨 가족의 집 베란다 안쪽 깊숙한 곳에 무릎의 주인인 마리아 할머니가 앉아 있었다. 나는 야생 버찌로 만든 마르케 주 특산 와인인 비숄라를 마시며 카르디날레 가족과 인터뷰를 진행했다. 그들은 친절하게도 나를 그날 저녁 식사에 초대해주었다. 보름달이 하늘을 흐릿한 보랏빛으로 물들이는 기분 좋게 따뜻한 늦여름 저녁, 나는 그 집을 다시 찾았다. 포플러 나무로 둘러싸인 정원과 밤하늘에 점점이 박힌 유리 램프의 불빛이 현실 세계가 아닌 듯 신비한 분위기를 자아냈다. 테라스의 부엌 문 가까운 쪽에 차려진 긴 테이블 위에는 차갑게 식힌 베르디키오 와인이 놓여 있었다. 따뜻한 공기와 맞닿은 유리병 표면에 방울방울 맺힌 이슬이 눈에 들어왔다.

그때만 해도 나는 이탈리아의 가정집에 초대받은 경험이 거의 없었기에 마리아 할머니가 준비한 잔치 음식처럼 푸짐한 저녁 식탁에 깜짝 놀랐다. 먼저 안티파스토(전채)가 나왔다. 알갱이가 씹히는 강렬한 맛의 파르미자노 레자노 치즈와 숙성 기간이 짧은 페코리노 치즈 몇 조각을 마늘 향이 가미된 부드러운 살라미인 차우스콜로 위에 올린 것이었다. 첫번째 접시인 프리모는 리코타 치즈로 속을 채운 통통한 라비올리에 깍둑 썰어 따끈하게 데운 생토마토와 잘게 썬 바질을 올리고 올리브유를 듬뿍 뿌린 요리였다. 이어 두번째 접시 세콘도로는 뼈를 바른 토끼 고기에 잘게 썬 야생 펜넬과 마늘을 넣고 돌돌 만 것을 화이트와인에 조린 요리가 나왔다. 이렇게 훌륭한 코스 요리를 전문 셰프 팀이 아닌 한 사람이 전부 만들었다는 사실이 믿어지지 않았다. 내 반응에 모두가 빙긋이 웃으며 어둑어둑한 그림자 쪽을 가리켰다. 바로 그곳에 내가 언급한 무릎이 있었다. 마리아 할머니는 우리의 권유에도 끝내 식탁에 앉지 않고, 미소 띤 얼굴로 겸손의 몇 마디를 던지고는 부엌으로 사라져버렸다.

이탈리아에 살면, 혹은 살지 않더라도, 파스타를 향한 이 나라의 집착에 가까운 사랑에 매료되지 않기 힘들다. 우리 옆집 개는 파스타를 즐겨 먹는다. 내가 아는 전기 기술자와 배관공은 둘 다 유부남이지만, 전기 기술자는 매일 자기 엄마 집에 가서 점심을 먹고, 멀어서 엄마 집까지 오가기가 힘든 배관공은 자신의 밴에 간이 주방을 마련해놓았다. 내가 사는 친골리는 인구가 1만 명뿐이지만 생파스타를 파는 전문점이 두 곳이나 있다. 이는 진지하고도 매우 중요한 문제다. 나는 절친한 마을 슈퍼마켓 매니저 알레산드로와 이야기를 나누다가 이 지역의 향토 파스타 요리에 대해 물어보았다. 그랬더니 그는 기다렸다는 듯 자기 할머니를 추천했다. 올해 여든일곱인 또 다른 마리아 할머니다.

알레산드로의 가족과 친척들은 올드 타운에 늘어선 석조 주택에 산다. 오늘날에도 많은 이탈리아 사람들에게는 '집을 떠난다'는 것이 단지 옆집으로 이사한다는 뜻이다. 마리아 할머니의 잘 정돈된 부엌은 나무 널벽과 천장 한가운데

달린 전등, 작은 창문으로 다소 어두운 편이었다. 할머니는 자신만의 왕국을 분주하게 오가며 소분해서 얼려둔 소프리토soffritto(셀러리, 양파, 당근을 잘게 다져서 볶은 것. 이탈리아 요리의 삼위일체로 거의 모든 음식에 기본으로 쓰인다)를 보여주었다. "나는 무엇이든 딱딱 정리된 게 좋아요. 채소를 다질 때도 몇 끼 분량을 한꺼번에 만들어두죠." 할머니는 카펠레티cappelletti 파스타 봉지를 다시 냉동고에 넣으며 말했다.

확실히 마리아 할머니는 내게 향토 파스타 요리의 종류와 조리 기법을 알려줄 수 있는 적임자였다. 평생 가족을 위해 파스타를 만들었고, 은퇴한 뒤에는 친골리 외곽의 한 레스토랑에 직접 만든 파스타를 공급하고 있다. 할머니는 매주 수요일 새벽 3시에 일어나 바쁜 주말에 쓸 라비올리와 탈리아텔레를 미리 준비한다. 레스토랑 셰프는 할머니가 이 일을 그만둘까봐 전전긍긍한다고 한다.

마리아 할머니가 파스타 제조 기술을 전수해주겠다고 약속해서 나는 곧장 할머니와 가족들을 집으로 초대했다. 우리 집 파스타 기계를 믿지 못해서였을까, 할머니는 자신의 기계까지 챙겨왔다. 이제는 어깨 관절염 때문에 옛날처럼 밀대로 반죽을 밀기 힘들다고 했다. 할머니를 모시고 온 알레산드로와 아내 엘리자베타도 동참하여 우리는 몇 시간에 걸쳐 즐겁게 점심 식사 준비를 했다. 오전 내내 영어와 이탈리아어가 마구 섞인 정체 불명의 언어가 오갔다. 말이 통하지 않을 때는 손짓발짓까지 동원되었다. 알레산드로와 엘리자베타는 보조 셰프로서 마리아 할머니의 온갖 지시를 따르면서도 잔뜩 들뜬 표정으로 "다음에도 이런 시간을 또 가져요!"라고 외쳤다. 나는 각종 조리 도구 관리자로서 나이프며 냄비를 대령하느라 바빴다. 마리아 할머니의 파스타 제조 기술은 역시나 대단했다. 더 인상적인 것은 완전히 낯선 환경에서도 전혀 당황하지 않고 요리를 척척 진행해나가는 모습이었다. 심지어 우리 세 사람과 달리 할머니의 옷에서는 밀가루의 흔적조차 찾아볼 수 없었다. 내면에 쌓인 수십 년의 경험 덕분에 평생 익힌 기술을 주변 사람들과도 편안히 공유할 수 있게 된 듯했다. 나는 마리아 할머니와 가족들을 통해 이탈리아의 음식 문화와 전통이 변해가고 있음을 뼈저리게 느꼈다. 수백 년 동안 어머니에게서 딸에게로 대물림되어온 조리 기술(요리는 대체로 여자들의 일이었다)은 바쁜 현대인의 삶 속에서 서서히 자취를 감추고 있다. 엘리자베타는 직업이 있는 데다 남는 시간에는 자녀들을 댄스 수업이나 축구 경기장에 데려다주느라 정신이 없다. 이런 현실은 유럽의 다른 나라 여성들도 마찬가지다. 이런 엘리자베타가 할머니가 됐을 때는 어떤 요리를 하게 될까? 물론 틀림없이 맛있는 음식이겠지만, 직접 손으로 반죽한 파스타는 아닐 가능성이 크다.

그날 마침내 점심 식사가 식탁에 차려졌을 즈음, 내 머릿속에 한 가지 계획이 떠올랐다. 수제 파스타 제조 기술을 모은 일종의 '노아의 방주'를 만들어보자는 생각이었다. 이탈리아 전역을 돌아다니며 가족을 위해 요리하는 멋진 여성들을 만나서 그들의 레시피를 수집함으로써 이탈리아 파스타의 고유한 조리 방식과 지역적 다양성을 보전하자는 것이 내 기획이었다. 내가 만날 여성들은 예순다섯 살 이상의, 전문 셰프가 아닌 가정주부여야 했다. 이번 기획은 가족들을 위한 정성과 노고를 인정받지 못할 때가 많은 모든 여성을 기리기 위한 것으로, 제목은 '파스타 할머니들'로 정했다.

나는 곧장 입소문이 자자하게 퍼진 '파스타 할머니들'을 찾기 시작했다. 잔루카 조르지와 리비아 데 조반니가 큰 도움을 주었다. 이 책은 거의 5년 동안 이어온 수많은 인터뷰와 촬영의 결과물로서, 내 기획에 함께해준 존경스러운 여성들과 그들의 가족, 친구들에게 전하는 시각적 기록이자 찬사이다.

수제 파스타 만들기

내가 만난 파스타 할머니들은 대부분 재료를 계량하지 않고 파스타를 만든다. 수십 년 동안 쌓아온 내공이 있기 때문에 반죽을 만졌을 때의 느낌만으로 제대로 반죽이 됐는지 알 수 있다. 초심자에게는 이런 말이 조금 무섭게 느껴질지도 모르겠다. 그러나 걱정할 것 없다. 파스타 반죽은 아주 쉽고 간단히 만들 수 있다. 페이스트리 반죽과 비교하면 더더욱 그렇다. 물론 여기서는 계량과 설명을 좋아하는 초심자들을 위해 비교적 상세히 안내할 테지만, 파스타는 다른 반죽과 달라서 밀가루나 물, 달걀을 조금 더 넣거나 덜 넣어도 괜찮다는 걸 꼭 기억하자. 자신에게 내재된 파스타 할머니를 이끌어내길!

재료

밀가루

이번 설명은 다소 골치 아플 수 있다. 밀가루의 분류 기준은 나라마다 다르기 때문이다(다음은 이탈리아산 밀가루를 기준으로 한 설명이다).

00밀가루farina di grano tenero

00밀가루는 가장 곱게 제분한 연질밀로 글루텐 함량이 9~10퍼센트 정도다. 단백질 화합물인 글루텐이 밀가루에 얼마나 들어 있는지는 포장 봉투 옆면에 적혀 있다. 달걀 파스타를 만들 때 90퍼센트 이상은 00밀가루를 사용한다(이탈리아의 밀가루는 얼마나 곱게 제분했는지, 밀기울을 얼마나 제거했는지에 따라 00, 0, 1, 2, 통밀 등 다섯 가지 유형으로 분류된다. 00밀가루는 그중 가장 곱게 제분한 밀가루이며, 이 책의 레시피에서는 대부분 00밀가루를 사용한다).

듀럼밀

듀럼밀은 경질밀의 하나로 모든 밀을 통틀어 가장 단단한 품종이다. 곡물의 단단한 정도는 가공의 용이성과 직결되어서 듀럼밀은 아무리 곱게 제분해도 모래알처럼 거칠 수밖에 없다. 단백질 함량은 약 13퍼센트다. 그러나 듀럼밀에 들어 있는 단백질은 다른 경질밀이나 연질밀과는 구조가 약간 달라서 글루텐이 형성돼도 신축성은 그다지 좋지 않다. 모양을 잡기는 쉽지만 쭉쭉 늘어나지는 않는 이러한 특성 때문에 듀럼밀은 이상적인 파스타 재료로 쓰인다. 듀럼밀로 만든 파스타는 형태가 잘 유지되는 데다 식감도 탄탄하다. 달걀을 넣지 않고 오직 밀가루와 물만으로 만드는 파스타에 가장 자주 사용된다. 듀럼밀은 이탈리아에서도 기후가 더 건조한 사르데냐 주, 풀리아 주, 캄파니아 주 같은 남부 지방에서 많이 재배된다. 세몰리나(이탈리아어로는 세몰라semola)는 이 듀럼밀의 배젖을 제분한 것이다. 시중에 판매되는 세몰리나는 입자의 크기에 따라 두 가지로 나뉜다. 거칠게 제분한 것은 알갱이가 꽤 크기 때문에 좀 더 곱게 제분한 것이 사용하기에 쉽다.

고급 밀가루 & 기타 밀가루

다른 밀로도 당연히 파스타를 만들 수 있다. 내가 만난 파스타 할머니 중에도 그 지역에서만 생산되는 특별한 밀가루, 심지어 직접 재배한 밀가루를 쓰는 분들도 있었다. 이 책에는 파로farro(에머 밀)와 메밀을 사용한 파스타 레시피가 들어 있다. 이러한 밀로 어떻게 훌륭한 파스타 반죽을 만들 수 있는지는 레시피에서 구체적으로 설명했다. 하지만 어떤 밀을 사용하든 반죽의 기본 원칙은 동일하므로 무조건 자주 해보는 것이 중요하다!

이탈리아에서 수입된 밀가루를 구하기 힘들거나 국내산 밀가루를 더 선호한다면 원하는 밀가루를 써도 좋다. 이 경우, 밀가루와 달걀 또는 물의 비율을 약간 조정해야 할 수도 있다. 밀가루는 습도, 온도, 생산 시기, 제분 회사에 따라 반죽할 때 반응이 다를 수 있다.

달걀

가능하면 자유방사 유기농 달걀을 구입하자. 노른자 색이 주황색에 가까운 달걀을 사용하면 파스타 반죽이 노르스름해서 보기 좋다. 노른자의 색깔은 암탉이 무엇을 먹었느냐에 따라 달라진다. 사료 외에 짙은 녹색 채소와 벌레를 많이 먹은 암탉이 낳은 달걀은 노른자 색깔이 더 진하고 예쁘다. 그러므로 달걀을 고를 때는 실외에 자유롭게 풀어놓고 키운 닭의 달걀을 추천한다.

그 밖의 주요 재료

치즈

이 책의 레시피 대부분은 마지막 단계에 경질 치즈를 갈아서 요리 위에 뿌리는 것으로 끝난다. 이탈리아 북부에서는 보통 파르미자노 레자노 치즈(파르메산 치즈의 정식 명칭)를 사용하는데, 적어도 18개월 이상 숙성된 것이어야 한다. 숙성 기간이 길수록 풍미가 진하고 가격도 비싸다. 파르미자노 레자노 치즈를 대체할 수 있는 그라나 파다노 치즈는 가격이 조금 저렴하다. 이는 제조 과정이 약간 다르기 때문인데, 그라나 파다노 치즈는 지방 함량이 낮아 숙성이 더 빨리 된다. 개인적으로는 그라나 파다노에서는 파르미자노 레자노 특유의 복합적인 풍미가 덜 느껴지는 것 같다. 하지만 훌륭한 그라나 파다노도 얼마든지 있다.

양젖으로 만든 페코리노 치즈는 이탈리아 중남부 전역에서 즐겨 쓴다. 종류가 매우 다양하며, 페코리노 로마노, 페코리노 사르도 치즈처럼 제법 유명한 것들도 있다. 전통적인 것을 좋아한다면, 이 중 몇 가지를 시도해볼 만하다. 그러나 이탈리아 사람들의 냉장고는 대부분 파르미자노 레자노 치즈가 점령하고 있으며, 요즘은 세계 어디서나 구할 수 있다.

리코타 치즈는 우유나 양젖, 또는 염소젖으로 만든다. 이탈리아 북부에는 크림이 들어간 리코타 치즈도 있다(내가 사는 지역의 슈퍼마켓에서는 이것을 '피오카'라고 부른다). 남부에서는 소금을 넣어서 숙성시킨 리코타 살라타 치즈*를 만든다. 신선한 리코타 치즈는 사용하기 전 수분을 빼야 하는데, 체에 밭여 30분쯤 두면 된다.

토마토

할머니들은 대부분 매년 여름 토마토 파사타를 만든다. 토마토는 직접 키우거나 친한 농부에게 대량으로 주문한다. 토마토 파사타는 생토마토를 간 다음 체에 내려 껍질과 씨를 거른 것으로, 보통 병에 담아 보관한다. 토마토 파사타가 없을 경우(아마 대부분 그럴 것이다), 157쪽에 나오는 알바 할머니의 조언대로 캔 홀토마토를 구입해서 핸드블렌더로 갈아 쓴다.

전통적인 토마토 페이스트는 토마토의 껍질과 씨를 제거한 뒤 과육만을 커다란 나무판이나 탁자에 펼쳐놓고 한여름 햇볕에 사나흘 말려서 만든다. 이탈리아 시칠리아를 방문한다면, 이 지역 특산 토마토 페이스트인 스트라투strattu*를 사 오기를 추천한다.

유지류

올리브유가 어디서나 쉽게 구할 수 있는 대중적인 식용유가 된 것은 제2차 세계대전 이후다. 이탈리아 중부와 북부에서는 전통적으로 요리할 때 돼지비계를 사용했다. 스트루토strutto(라드)는 냉장 보관할 필요가 없기 때문이다. 이탈리아 북부에서는 버터를 많이 써서 1킬로그램짜리 덩어리도 판매한다. 지금까지 200명이 넘는 이탈리아 할머니들을 촬영하면서 내가 내린 결론은 무병장수를 위해서는 지방 섭취를 금할 것이 아니라 적당히 먹으면서 활동적

으로 살아야 한다는 것이다.

올리브유는 이 책의 거의 모든 레시피에서 사용된다. 여기서 올리브유란 엑스트라버진 올리브유를 가리킨다. 올리브유는 생산 국가보다 신선도가 더 중요하다. 올리브유를 구입할 때는 캔이나 어두운 색 병에 든 제품을 선택해야 보관이 용이하다. 가공 일자를 확인해서 만든 지 1년 이상 된 것은 피하자.

조리 도구

매끈한 나무 반죽판 또는 탁자

파스타용 반죽판은 한쪽 면 아래 턱이 있어서 탁자나 조리대 가장자리에 걸칠 수 있다. 이렇게 하면 반죽판이 고정되어 밀대로 스폴리아sfoglia(넓게 민 반죽)를 밀 때 움직이지 않는다. 반죽판은 사과나무, 물푸레나무, 너도밤나무, 벚나무, 밤나무 등 소나무를 제외한 대부분의 나무로 만들 수 있다. 소나무는 송진 향이 반죽에 밸 수 있는 데다 구멍이 너무 많아서 부적합하다.

반죽판은 파스타와 페이스트리 반죽을 만드는 용도로만 써야 한다. 그러지 않으면 다른 음식의 냄새가 반죽판에 밸 수 있다. 이탈리아 할머니들은 자신의 부엌이 아닌 다른 곳에서 요리를 해야 할 때면 자신의 반죽판을 면으로 된 전용 케이스에 잘 싸서 들고 간다. 굳이 다른 사람의 반죽판을 쓰는 모험을 하고 싶지 않은 데다 자신의 반죽판이 망가지는 것도 원하지 않기 때문이다!

집에 대리석 같은 돌로 된 판이 있다면 그것을 반죽판으로 사용해도 좋다. 피해야 할 것은 플라스틱 판이다. 플라스틱은 수분을 빨아들이지 못하기 때문이다. 내가 아는 어떤 여성은 자신이 아끼던 나무 반죽판을 남편에게 빼앗기고(남편은 그 반죽판을 돼지고기를 썰 때 사용했다고 한다) 대신 남편이 준 커다란 플라스틱 판 위에서 파스타 반죽을 하느라 한참 동안 씨름하다 결국 포기했다.

긴 밀대(마타렐로mattarello)

밀대는 반죽판과 같은 부류의 목재로 만든 것이어야 한다. 나무로 된 두 도구를 조합해서 민 스폴리아는 식감이 매우 뛰어나다. 밀대는 반드시 일자로 곧아야 반죽을 고르게 밀 수 있다.

길이가 짧은 밀대를 사용하면 반죽을 작게 잘라서 하나하나 따로 밀어야 한다는 단점이 있다. 짧은 밀대로는 많은 양의 반죽을 전체적으로 밀 수가 없기 때문에 반죽에 주름이 생길뿐더러 두께도 고르지 않게 된다.

우리 유튜브 채널을 꾸준히 본 독자라면, 같은 이탈리아에서도 지역에 따라 사용하는 밀대의 길이가 다르다는 사실을 눈치챘을지도 모르겠다. 에밀리아로마냐 주, 움브리아 주, 마르케 주에서는 90cm에 이르는 기다란 밀대를 쓰지만, 토스카나 주에서 쓰는 밀대는 그보다 약간 짧다. 남쪽으로 내려갈수록 반죽판의 테두리 부분은 높아지고 그 안에 들어맞아야 하는 밀대의 길이는 더 짧아진다. 남쪽 지방 사람들은 달걀이 들어간 파스타보다 세몰리나 가루와 물만으로 반죽한 파스타를 선호해서 스폴리아를 특별히 얇게 밀지 않기 때문이다.

기타 유용한 도구

- 전자저울: 편리하고, 조리할 때 정확성을 보장한다.
- 제과용 스크레이퍼: 이탈리아 할머니들은 마을 대장간에서 제작한 라스키에토raschietto라는 멋진 무쇠 스크레이퍼를 사용하는 경우가 많다. 안타깝게도 요즘은 만들지 않기 때문에 진짜 라스키에토를 구하려면 골동품 시장을 뒤져야 한다.
- 스폴리아를 자를 때 쓰는 날이 길고 곧은 칼
- 오레키에테를 만들 때 쓰는 톱날이 달린 작은 나이프
- 홈이 팬 카바텔리 전용 보드
- 마카로니를 만들 때 쓰는 페레토(쇠나 나무로 만든 30cm 길이의 각진 막대). 옛날에는 양골담초 잔가지나 갈대, 우산살 등 구부렸을 때 부러지지 않는 곧은 막대는 무엇이든 페레토가 될 수 있었다. 뜨개질용 대바늘처럼 둥글지 않고 각진 막대를 써야 반죽이 달라붙는 것을 막을 수 있다.

달걀 파스타 반죽 만들기

이탈리아 할머니들은 달걀 파스타 반죽을 만들 때 먼저 달걀을 몇 개 쓸지 정한 다음 달걀 1개당 밀가루 한 줌을 넣는다. 이는 달걀 1개당 밀가루 100g을 사용하는 것과 같다.

1단계: 재료의 무게를 잰다

파스타 요리가 메인 코스일 경우, 1인분에 00밀가루 100g을 준비한다. 밀가루 100g당 달걀은 껍데기를 빼고 55g이면 된다.

예를 들어, 4명이 먹을 파스타를 만든다면, 밀가루 400g과 달걀 220g이 필요하다. 달걀 220g은 대개 달걀 4개를 뜻하지만, 굳이 재료의 무게를 재는 것은, 이탈리아 할머니들이 종종 그러듯 달걀이 아닌 오리알이나 칠면조 알을 사용할 수도 있기 때문이다. 실제로 218쪽의 벨리아 할머니는 뒤뜰에서 키우는 칠면조 알을 자주 쓴다.

준비한 달걀이 작은 편이라면, 물을 약간 섞거나 달걀노른자만 하나 더 추가해서 필요한 재료의 무게를 정확히 맞춘다. 무게가 약간 초과될 경우, 초과된 무게만큼 달걀 껍데기를 이용해 흰자를 덜어낸다.

2단계: 모든 재료를 섞는다

밀가루를 반죽판에 수북하게 쏟은 다음, 손끝으로 한가운데를 살살 휘저어 우묵하게 판다. 구덩이가 너무 넓거나 얕으면 달걀물이 밖으로 넘칠 수 있으니 주의한다.

달걀을 구덩이에 붓고, 포크(또는 손가락)로 달걀을 푼다. 포크를 세워서 충분히 휘저어야 뭉친 곳 없이 포크 사이로 주르르 떨어지는 균일한 질감의 달걀물이 된다.

포크로 구덩이 안쪽을 빙 둘러가며 밀가루를 조금씩 쓸어내려 달걀물에 떨어뜨린다. 이어 덩어리가 생기지 않게 달걀물과 밀가루를 잘 섞어 반죽의 형태를 서서히 만들기 시작한다. 반죽판에 더는 흐르는 액체가 없을 때까지 같은 과정을 계속 반복한다. 이제 밀가루 벽을 조금씩 무너뜨리고 스크레이퍼로 바깥쪽의 밀가루를 안쪽으로 밀어서 질척한 반죽과 섞는다. 물론 큰 볼에 달걀과 밀가루를 담아 푸드 믹서로 섞어도 되지만 그러면 재미가 없다.

반죽판에 남은 날밀가루가 없도록 모두 모아서 반죽과 함께 재빨리 치대 하나로 뭉친다. 반죽이 질어서 끈적일 경우, 밀가루를 1TS만 추가해서 다시 치댄다. 점성 문제는 나중으로 미루지 말고 당장 바로잡는 게 낫다.

반죽이 끈적이지 않는데 반죽판에 밀가루가 남았다면, 스크레이퍼로 모아서 치워버린다. 그래야 깨끗한 반죽판에서 반죽을 치댈 수 있다. 이탈리아 할머니들은 이 밀가루를 체에 쳐서 재사용한다.

3단계: 반죽을 치댄다

하나로 뭉친 반죽을 적어도 10분 이상 치댄다. 자신의 손을 파도라고 생각하고, 손바닥 아래쪽(손꿈치)으로 반죽을 밀어내는 동시에 손끝으로는 반죽을 끌어당겨서 반죽을 통나무처럼 둥글게 만든다. 이어 반죽을 90도로 돌려서 반으로 접은 다음, 다시 똑같은 방식으로 치댄다. 이 과정은 빠른 속도로 이어져야 한다. 공기와 접촉하는 시간이 길어지면 반죽이 마르기 때문에 잠시도 꾸물거려선 안 된다. 반죽이 너무 말랐다고 느껴지면, 손에 물을 묻혀서 수분을 공급한다.

반죽은 많이 치댈수록 글루텐이 형성되어 신축성이 좋아진다. 좋은 반죽은 촉감이 실크처럼 매끈하고, 엄지로 눌렀을 때 금세 원상태로 돌아올 만큼 탄력이 있어야 한다. 반죽을 반으로 잘랐을 때 단면에 작은 구멍들이 보이면 반죽이 완성된 것으로 본다는 할머니도 있다. 물론 반죽용 갈고리를 장착한 푸드 믹서를 이용해 반죽을 치대도 된다.

4단계: 반죽을 휴지시킨다

이제 반죽의 수분이 마르는 것을 막기 위해 뚜껑이 있는 볼에 담아 뚜껑을 덮어둔다. 랩으로 감싸도 되지만, 아마 랩을 쓰고 싶지는 않을 것이다. 마른행주를 덮어두어도 되는데, 향이 있는 세제로 빤 행주라면 반죽에 향이 밸 수 있으므로 주의한다. 아무튼 마르지 않게 덮어둔 반죽을 30분 동안 실온에 두어 휴지시킨다. 이 과정은 글루텐의 형성을 도와 반죽을 더 쉽게 밀 수 있게 해준다.

반죽을 하룻밤 동안 냉장고에 넣어두어도 좋다. 이렇게 하면 반죽 색깔이 약간 어두워지지만 맛은 똑같다. 단, 반죽을 밀 때는 실온 상태여야 하므로 몇 시간 전에 미리 냉장고에서 꺼내놓아야 한다.

5단계: 반죽을 넓게 민다

이탈리아 할머니들은 자신만의 방식으로 반죽을 민다. 반죽을 밀대에 말아서 귀부인이 평영을 하듯 천천히 우아하게 팔을 움직이며 미는 방식이 있는가 하면, 컬링 팀이 스톤 앞에서 얼음판을 문지르듯 온 힘을 다해 빠르게 미는 방식도 있다. 어떤 스포츠에 비견되든, 분명한 것은 반죽을 미는 동안 상박(위팔) 운동이 제대로 된다는 것이다. 에밀리아로마냐 주에 사는 할머니들은 반죽을 완벽한 원형으로 미는 기술을 자랑으로 여긴다. 꼭 그렇게 밀어야 할 필요는 없지만 어쨌든 원형이 보기에는 좋다.

로마의 요리학교 '그라노 & 파리나'에서 수제 파스타 반을 운영하는 줄리아 피카라 선생은 허리가 아프지 않게 효율적으로 반죽

을 밀 수 있는 기술을 알려주었다. 아래의 설명을 읽고 난 다음 유튜브 〈파스타 할머니들〉 채널에서 '파스타 반죽 미는 법How to Roll Pasta' 영상을 찾아보면 훨씬 생생히 이해할 수 있을 것이다. 시작에 앞서 꼭 기억해야 할 점은 반죽을 미는 동안 어딘가에 달라붙지 않도록 덧밀가루를 자주 묻혀주어야 한다는 것이다.

먼저 반죽판에 놓인 밀대를 손으로 가볍게 움켜잡는다. 이때 손목은 반죽판에 닿을락 말락 할 정도여야 한다. 밀대를 굴려 파스타 반죽을 납작하게 민다. 한 방향으로 조금씩 돌려가면서 밀면 반죽의 모양이 동그랗게 된다.

파스타 반죽이 큰 접시만큼 늘어나면, 양손을 엉덩이 폭만큼 벌린 채 반죽의 위쪽 3분의 1 지점부터 원형의 가장자리를 따라 밀대를 밀었다가 다시 손을 당겨서 굴린다. 밀대가 위쪽 가장자리 끝에 닿기 전에 멈춰야 한다. 이런 식으로 반죽을 네 번 민다.

반죽을 12시 방향에서 1시 방향으로 약간 돌려서 다시 앞서와 똑같이 민다. 이후에도 시계 방향으로 반죽을 조금씩 돌려가며 계속 반복한다.

이와 같이 한 바퀴를 완전히 돌려가며 밀면 반죽 한가운데 불룩 튀어나온 부분이 생긴다. 이것을 없애려면, 먼저 반죽의 위쪽 가장자리를 뒤집어 밀대 위로 올린다. 이어 한 손으로 바닥에 깔린 반죽을 움직이지 않도록 누른 채 다른 손으로 밀대 위의 반죽을 살살 당겨 반죽이 밀대에 완전히 감싸인 상태가 되면 밀대를 자신 쪽으로 조금씩 굴린다.

팔꿈치를 바깥쪽으로 향한 채 양손을 점점 넓게 벌려가며 밀대를 힘껏 눌러 반죽을 두세 번 민다. 이렇게 하면 두꺼웠던 반죽 가운데 부분이 점점 납작해질 것이다. 마지막으로 반죽을 밀대에 둘둘 감아서 90도 돌린 다음 도로 넓게 펼쳐놓는다.

지금까지의 과정을 계속 반복해 반죽을 점점 얇고 크게 늘린다. 스폴리아가 다루기 힘들 만큼 커지면, 반죽이 감겨 있는 밀대를 90도 돌린 뒤 반죽을 펼치지 말고 그대로 몇 번 굴려서 공기를 빼준다.

스폴리아를 반죽판 아래로 늘어뜨려도 괜찮지만, 늘어진 부분이 스폴리아 전체의 3분의 1을 넘어서는 안 된다. 그렇게 되면 자칫 반죽 전체가 미끄러져 바닥으로 떨어질 수 있기 때문이다. 이렇게 스폴리아의 일부를 반죽판 아래로 늘어뜨리고 작업하면 고정의 효과가 있어서 스폴리아를 더 크게 늘릴 수 있지만, 반죽을 미느라 허리가 아플 정도로 지나치게 늘릴 필요는 없다. 반죽 위로 몸을 숙이는 일은 절대 없도록 하자.

(전문가처럼 능숙해지기까지는) 커다란 스폴리아 전체를 한 번에 밀거나 미는 방향을 바꿀 생각은 하지 않는 것이 좋다. 자신의 몸 바로 앞에 있는 스폴리아를 바깥쪽에서부터 3분의 1 지점까지만 계속 밀어야 한다. 반죽이 커질수록 양쪽 팔과 팔꿈치는 점점 벌어지게 된다. 마침내 스폴리아가 아래쪽의 손이 비칠 만큼 얇아지면 그만 밀어도 된다. 촉감은 두꺼운 리넨 같아야 한다.

스폴리아가 전체적으로 고르고 평평한지 확인하려면, 밀대의 3분의 1 정도까지 민 다음 떨어지지 않도록 가장자리를 단단히 잡고 들어서 빛에 비춰본다. 어두운 부분이 보이면 반죽이 두껍고 아직 고르게 밀지 못했다는 뜻이므로 그 부분을 다시 밀어야 한다.

완성된 스폴리아는 반죽판 위에 펼쳐놓고 5분쯤 말린다. 탈리올리니, 탈리아텔레, 파파르델레를 만들려면, 스폴리아 위에 밀가루를 고루 묻히고 카펫을 말듯 조심스럽게 둘둘 말아서 칼로 썰면 된다.

듀럼밀 반죽 만들기

이번에는 듀럼밀 가루(세몰리나 가루)와 물로 만드는 파스타 반죽을 알아보자. 이 반죽에는 달걀이 (보통) 들어가지 않는다. 듀럼밀에서 이미 충분한 식감을 얻을 수 있기 때문이다. 듀럼밀 반죽은 00밀가루로 만든 달걀 파스타 반죽만큼 잘 늘어나지는 않는다. 이 반죽은 카바텔리, 마카로니, 오레키에테 등 이탈리아 남부에서 즐겨 만드는 갖가지 모양의 파스타에 사용된다. 스폴리아를 만들 때도 달걀 파스타 반죽보다는 언제나 약간 두껍게 된다. 듀럼밀 반죽으로 만드는 넓적하고 긴 끈 모양 파스타에는 사녜 토르테, 타쿠네 등이 있다.

1단계: 재료의 무게를 잰다

세몰리나 가루 100g당 미지근한 물 45~50g의 비율이 적당하다. 물의 부피는 무게와 동일하므로 40~50ml로 계량하면 되지만, 계량컵보다는 저울이 더 정확하다.

따뜻한 물 1L에 소금 4g(1ts)를 넣고 잘 섞는다. 소금은 반죽의 간을 맞추기 위해서가 아니라 글루텐 형성을 돕기 위해 넣는 것이다.

2단계: 모든 재료를 섞는다

믹싱볼이나 반죽판에 밀가루를 수북하게 쌓는다. 손끝으로 한가운데를 살살 휘저어 우묵하게 판 다음, 물을 필요한 양만큼 붓는다. 밀가루를 물과 잘 섞는다. 날밀가루가 남지 않게 싹싹 모아 한 덩어리로 뭉친다.

3단계: 반죽을 치댄다

달걀 파스타 반죽 만들기에서 설명한 바와 같이 반죽을 5분 동안 계속 치댄다(18쪽 참조). 제대로 치댄 반죽은 실크처럼 매끈하고 손에 달라붙지 않아야 한다. 달걀 파스타 반죽처럼 폭신한 베개 같은 느낌은 아니고, 플라스틱처럼 단단할 것이다. 듀럼밀 반죽은 휴지시킬 필요가 없으므로 당장 사용할 수 있다. 반죽을 5분 이상 오래 치댔을 경우, 신축성이 늘어서 지나치게 쫄깃할 수 있으므로 20분쯤 휴지시켜야 한다.

4단계: 반죽을 원하는 모양으로 빚는다

필요할 경우 반죽을 밀대로 민다(이탈리아 남부 지방의 파스타는 대부분 반죽을 밀 필요가 없다). 원하는 파스타의 모양을 빚는 동안 나머지 반죽은 수분이 마르지 않게 덮어둔다.

자주 묻는 질문

왜 계량을 무게(그램)로 하나?

이탈리아 할머니들처럼 눈대중으로 파스타를 만들어보고 싶다면 그렇게 해도 좋다. 물론 그전에 먼저 〈파스타 할머니들〉 채널의 동영상 몇 편은 시청해야 할 것이다. 하지만 재료를 계량하고 싶다면, 컵이나 온스보다는 그램으로 재는 것이 더 쉽고 정확하다. 계량은 자전거의 보조바퀴 같은 것이다. 모든 도로에 돌부리나 푹 꺼진 곳이 있는 것처럼, 파스타를 만드는 환경도 조금씩 다를 수 있다. 온도나 습도는 물론 밀가루의 종류도 다양하기 때문이다. 그러므로 파스타를 만들 때는 늘 재료의 양을 몇 그램씩 조정할 준비가 되어 있어야 하며, 알맞은 반죽의 느낌을 아는 것이 중요하다.

1인분 분량을 얼마로 잡아야 하나?

달걀 파스타 반죽의 경우, 경험상 1인분을 달걀 1개와 밀가루 100g으로 계산하면 된다. 이것은 파스타를 메인 요리로 넉넉히 준비할 경우다. 라비올리처럼 필링을 채워넣는 파스타는 완성된 파스타 150g을 1인분으로 잡는다.

듀럼밀 반죽 역시 1인당 세몰리나 가루 100g이면 메인 요리로 충분하다.

이 책에서 재료의 분량은 레시피마다 조금씩 차이가 있다. 파스타는 만드는 양에 따라 조리의 난이도가 달라지는데, 보통 많은 양을 만들기가 더 쉽다.

파스타를 너무 많이 만들었을 때는 어떻게 처리해야 하나?

달걀 파스타의 경우, 아직 조리하기 전이라면 쟁반에 넓게 펼쳐서 얼린 뒤 비닐 봉투나 밀폐용기에 옮겨 담아 냉동실에 보관한다. 다시 사용할 때는 해동하지 말고 곧장 끓는 소금물에 넣어 삶는다. 얼린 파스타는 익히는 시간이 2분쯤 더 걸린다.

듀럼밀과 물로 만든 파스타는 넓게 펼쳐서 말린다. 오래 말릴수록 익힐 때 걸리는 시간도 길어진다.

이미 익힌 파스타, 예를 들어, 탈리아텔레가 남았다면, 프리타타 또는 오믈렛으로 만들자.

생파스타 대신 시중에서 구입한 건파스타를 써도 될까?

당연히 된다. 하지만 건파스타는 모두 세몰리나 가루로 만든 것이므로 달걀 파스타를 써야 하는 레시피에는 대체품이 될 수 없다. 완성된 요리의 식감이 완전히 다르기 때문이다. 물론 대부분의 사람들은 이런 점을 크게 신경 쓰지 않을 것이다. 하지만 딱 한 번만 공장에서 나온 라자냐 시트 대신 직접 만든 시트로 라자냐를 만들어보라. 맛의 차이가 엄청나다!

건파스타의 맛이 무조건 생파스타보다 떨어진다고는 말할 수 없다. 관건은 품질 좋은 건파스타를 찾는 것이다. 포장이 특별히 고급스럽지 않은 이상, 중요한 판단 기준은 가격이다. 포장에 '청동 금형 압출 방식' '저온 건조' 같은 문구가 있는 제품을 찾아보자.

파스타는 어떻게 익히는 게 가장 좋을까?

파스타에 관한 책이나 기사에서는 대부분 엄청나게 큰 냄비를 추천한다. 하지만 나는 실제로 그런 냄비에 파스타를 삶는 할머니를 본 적이 없다. 아마 이유는 두 가지일 것이다. 큰 냄비에 물을 채워 끓이려면 가스 또는 전기 요금이 많이 나온다. 특히 이탈리아는 가스 요금이 엄청 비싸다. 또 큰 냄비는 좁은 부엌에서 공간을 많이 차지한다. 따라서 자신이 가진 냄비 가운데 가장 큰 것을 사용하되, 필요할 경우 파스타를 조금씩 몇 번에 나누어 삶는다. 다 익힌 파스타는 곧장 콘디멘토(소스)에 넣는다.

소금은 처음부터 찬물에 넣고 끓이든, 팔팔 끓는 물에 넣든 큰 차이는 없다. 후자의 경우, 소금을 넣고 기다렸다가 물이 다시 끓어오를 때 파스타를 넣어야 한다. 파스타를 삶을 때는 아이오딘을 첨가하지 않은 굵은 바닷소금을 물 1L당 10g, 물이 4L라면 수북하게 1TS 정도 넣으면 된다. 물론 보통 사람들은 파스타를 삶을 때 이렇게까지 번거롭게 소금 양을 따지지는 않는다.

물에 기름을 추가할 필요는 없다. 기름처럼 비싼 재료를 개수대에 쏟아버리고 싶지는 않을 테니 말이다. 게다가 일반적인 믿음과는 반대로, 기름이 파스타가 달라붙는 것을 막아주지도 않는다. 차라리 삶는 동안 파스타를 살살 휘저어주는 편이 낫다.

파스타가 익었는지 어떻게 알까?

한 조각을 꺼내 먹어보면 된다. 파스타를 익히는 데 걸리는 시간은 파스타의 크기에 따라 달라진다. 탈리아텔레 같은 리본형 파스타는 물이 다시 팔팔 끓어오른 시점부터 2분만 더 익히면 된다(탈리올리니처럼 리본이 아주 얇을 경우 시간을 이보다 줄여야 한다). 반면 필링을 채운 파스타는 4분쯤 익힌다.

세몰리나 가루로 만든 파스타는 적어도 5분 이상 익혀야 한다.

완성된 요리에 파스타 삶은 물을 약간 더해 '소스 같은' 느낌을 내주는 것을 좋아하는 사람들도 있다. 이는 각자 판단할 문제다. 다만 내가 만난 이탈리아 할머니들은 이런 식으로 요리를 마무리하지는 않았다.

1

견과류와 허브

견과류와 허브를 하나의 카테고리로 묶은 이유는 둘 다 자연에서 직접 채취할 수 있는 데다 파스타와 썩 잘 어울리는 재료여서다. 식용 야생초는 날이 더워지기 전인 봄철에 채취하는 것이 가장 좋다. 풀은 기온이 올라갈수록 억세고 뻣뻣해져서 먹기 힘들다. 견과류는 늦여름부터 가을까지 수확한다. 가정에서 직접 허브와 견과류를 키워보면 어떨까? 연하고 어린 허브와 신선한 햇견과류를 사용하면 파스타 요리의 풍미가 완전히 달라진다.

로제타 할머니의

바질 소스 트로피에

4인분

이탈리아어로 페스토 알라 제노베제pesto alla Genovese인 바질 페스토는 세계에서 두번째로 인기 높은 파스타 콘디멘토 또는 드레싱이다. 요즘은 종류에 상관없이 허브와 견과류를 올리브유와 함께 갈아 만든 소스를 모두 페스토라고 하는 것 같다. 로제타 할머니와 그녀의 친구들은 페스토에 프레신세우아 prescinsêua 치즈라는 클래식한 생치즈를 추가한다. 리코타 치즈 같은 농도에 맛은 톡 쏘는 요거트와 비슷한 이 치즈는 맛도 좋지만 비싼 재료를 더 돋보이게 한다. 이렇게 만든 로제타 할머니의 페스토는 당연히 일반 바질 페스토보다 더 크리미해서, 나는 이것을 페스토가 아닌 바질 소스라고 부른다.

바질 페스토는 보통 트로피trofie에 파스타와 어울린다. 파스타 제조업자들은 최근 들어서야 청동 금형을 이용해 트로피에를 압출하기 시작했다. 그전에는 (이탈리아 북서부 리구리아 주) 소리라는 작은 마을의 파스타 가게에서 지역의 부녀자들을 모집해서 트로피에를 만들었는데, 로제타 할머니도 그중 하나였다. 결혼 후 아이들을 키우면서 소소한 용돈벌이를 하고 싶었던 할머니는 트로피에를 만드는 법을 그때 처음 배웠다. 꼬임새가 예쁘고 일정한 크기의 트로피에를 만드는 요령을 터득하는 데는 며칠이 걸렸다고 한다. 지금은 마치 타고난 기술자처럼 능숙해져서 이탈리아 텔레비전 프로그램과 유튜브 채널(감사하게도 우리 채널)에 출연할 만큼 뛰어난 실력을 자랑한다.

파스타

00밀가루 또는 일반(다목적) 밀가루 400g
끓는 물 180ml 또는 반죽할 만큼 충분한 양

바질 소스

잣 2TS(37쪽 참조)
싹이 나지 않은 마늘 1쪽
엑스트라버진 올리브유 또는 기타 풀 향 나는 유지류 5TS
생바질 잎 150g
프레신세우아 치즈(또는 그릭요구르트) 4TS
그라나 파다노 치즈 또는 파르미자노 레자노 치즈 간 것 80g
페코리노사르도 치즈 간 것 20g
고운 소금 ½ts

고명

반으로 가른 껍질콩 150g(선택)

믹싱볼에 밀가루를 담고 물을 천천히 붓는다. 포크로 대충 뒤섞어 부드럽고 끈적거리지 않게 반죽한다. 반죽판에 덧밀가루를 살살 뿌리고 반죽을 올린 뒤 매끈하고 윤기가 돌 때까지 약 10분 동안 치댄다.

반죽이 마르지 않도록 큰 볼로 덮어서 30분 동안 휴지시킨다.

반죽을 콩알만큼 떼어 반죽판에 놓고, 손바닥으로 밀어내듯 굴려서 방추형을 만든다. 그 상태에서 손바닥을 몸과 45도 각도가 되게 비스듬히 당긴 뒤 손바닥 가장자리로 반죽을 살짝 눌러 마무리한다. 완성된 트로피에는 코르크 따개처럼 비비 꼬인 모양이 되어야 한다. 손으로 만들기가 힘들다면 스텐 반죽칼(스크레이퍼)을 이용해도 된다.

바질 소스는 모든 재료를 블렌더에 넣고 곱게 간 뒤 맛을 봐서 간을 맞춘다.

넓은 냄비에 물과 소금을 넣고 끓인다. 팔팔 끓으면 트로피에 파스타를 넣고 약 2분 동안 삶는다. 트로피에의 크기에 따라 익는 시간이 달라질 수 있으므로 직접 먹어보고 확인한다. 다 익힌 파스타는 체나 슬로티드 스푼(구멍이 숭숭 뚫린 큰 스푼)으로 건져서 넓은 서빙 볼에 담는다. 껍질콩을 준비했을 경우, 끓는 물에 3분 동안 데친 뒤 파스타 위에 올린다. 바질 소스를 붓고 골고루 섞어서 완성한다. 치즈를 따로 추가할 필요는 없다.

트로피에 파스타는 모양을 잡는 데 숙련되기까지 시간이 걸린다. 따라서 여유 있게 하루 전에 미리 만들어두는 것이 좋다.

피에리나 할머니의

크레시아 스폴리아타

넉넉한 12인분

크레시아 스폴리아타Crescia sfogliata는 슈트루델(페이스트리 반죽에 과일이나 채소, 고기를 채워서 구운 오스트리아의 전통음식)의 하나다. 오늘날 슈트루델은 독일이나 오스트리아를 넘어 전 세계에서 사랑받는 대중적인 음식이다. 지나가는 무역상이나 여행에서 돌아온 탐험가가 이 달콤한 선물을 처음 전파했을 때 마을에서는 한바탕 난리가 났을 것이다. 이후 해마다 크레시아 스폴리아타 축제가 열릴 만큼 인기 높은 음식이 되었다.

피에리나 할머니는 자신의 레시피는 조부모님이 만든 것보다 더 좋은 재료를 쓴다고 설명했다. 어릴 때 먹던 크레시아 스폴리아타 안에는 모래알처럼 작고 거친 건포도뿐이었지만, 자신은 초콜릿과 설탕도 넉넉히 넣는다는 것이다. 옛날에는 초콜릿과 설탕이 무척 귀해서 부부 침실에 숨겨두고 자물쇠를 채울 정도였다. 슈트루델에 넣는 속 재료는 집집마다 조금씩 달랐고, 이 요리를 특히 많이 만드는 겨울철에는 마른 재료(밀가루, 설탕, 향신료 등)의 종류도 달라졌다. 이 파스타는 하루 전부터 준비하기 시작한다.

단맛이 나는 생파스타

달걀 1개
올리브유 4TS + 소량(굽기 전 표면에 바르는 용도)
미지근한 물 200ml
캐스터 슈거* 1ts
소금 ½ts
00밀가루 또는 일반(다목적) 밀가루 425g

필링

품질 좋은 사과 5개
호두 350g(피에리나 할머니는 정원에서 직접 키운 호두를 쓰는데 시중에서 파는 제품과는 신선도의 차원이 다르다)
코코아파우더 100g
그래뉴당 4TS
바닐라 익스트랙트 1ts
아니제트 혹은 럼 종류 리큐어 1TS
오렌지 제스트 1개 분량
레몬 제스트 1개 분량
물에 불린 뒤 수분을 제거한 건포도 200g

밀가루를 제외한 파스타 재료를 한꺼번에 잘 풀어서 달걀물을 만든다. 반죽판에 밀가루를 쏟고 한가운데 우묵한 구덩이를 만들어 준 다음 달걀물을 밖으로 흘러넘치지 않도록 조심스럽게 붓는다. 포크로 밀가루와 달걀물을 살살 섞어 한 덩어리가 되도록 대충 뭉친다. 두 손으로 반죽을 잘 치대서 부드럽고 윤기가 도는 상태로 만든다. 반죽용 패들을 끼운 스탠드 믹서에 모든 재료를 넣고 돌려서 반죽을 완성해도 좋다(물론 손 반죽의 재미는 느낄 수 없을 테지만).

반죽을 뚜껑이 있는 용기에 담아 하룻밤 냉장고에서 휴지시킨다. 그동안 자신의 손톱 상태를 확인한다. 매니큐어를 바르지 않은 짧은 손톱이 좋다. 손톱이 긴 상태에서 다루면 반죽이 처참하게 찢어질 것이다. 다음 날, 반죽을 밀기 2시간 전쯤 미리 냉장고에서 꺼내 뚜껑을 덮은 채로 실온에 둔다.

슈트루델 안을 채울 필링을 준비한다. 사과는 껍질을 벗겨 호두와 비슷한 크기로 썬 다음 갈변을 막기 위해 물에 담가두었다가 사용 직전에 건져서 마른행주로 물기를 제거한다. 사과와 건포도를 제외한 나머지 필링 재료를 모두 섞어 찐득하지 않고 포슬포슬한 작은 덩어리 상태가 되게 만든다. 여기에 건포도를 넣고 대강 섞는다.

본격적인 슈트루델을 만들기 전, 먼저 오븐을 180℃로 예열한다. 30×40cm 크기의 오븐 팬 2개에 각각 유산지를 깔아둔다. 선명한 무늬가 박힌 깨끗한 면 식탁보를 테이블 위에 깐다(반죽을 아래쪽의 식탁보 무늬가 비칠 정도로 넓고 얇게 만들어야 하므로 무늬는 반드시 선명해야 한다). 소매를 걷어 올리고 기다란 밀대를 준비한다. 밀대가 짧으면 반죽을 제대로 밀기 힘들다. 반죽을 밀대 길이만큼 넓게 민 다음, 손으로 가장자리를 살살 잡아당기며 조금씩 더 늘여 식탁보 위에 매끈하게 펼쳐놓는다. 이어 조심스럽게 반죽 아래로 손을 넣어 손등과 손가락 끝으로 톡톡 쳐서 최대한 얇게 늘인다. 오래된 실크의 주름을 펴듯 부드럽고 섬세하게 다루는 것이 중요하다. 완성된 슈트루델 반죽은 아래쪽에 깔린 식탁보 무늬가 확실히 비쳐 보일 만큼 얇아야 한다. 반죽이 찢어졌을 경우, 그 부분을 꼬집어서 이어 붙인다. 반죽의 가장자리는 안쪽보다 더 두꺼워지기 쉬우므로 끝에서 약 2cm 지점까지 더 얇게 만든다. 제과용 붓으로 반죽에 올리브유를 살짝 바른다.

가장자리를 빙 둘러 10cm쯤 여백을 남기고 호두 혼합물을 전체적으로 뿌린 뒤 사과 조각을 골고루 얹는다. 반죽의 가장자리를 필링 위로 접어 올린 다음 아래쪽의 식탁보를 들어서 반죽을 살살 튕겨내듯 굴려서 중간 지점까지 돌돌 만다. 반대편도 똑같은 방식으로 말아준다(완성된 모양은 35쪽의 사진을 참고한다). 파스타 표면에 붓으로 올리브유를 바른다. 달팽이(시나몬롤) 또는 통나무 모양으로 썰어서 준비된 오븐 팬에 올린다.

예열된 오븐에서 노릇노릇하고 파삭해질 때까지 35분 구워 낸다. 이 파스타 요리는 완전히 식힌 뒤에 먹는 것이 좋고, 밀폐용기에 넣어두면 며칠 동안 보관이 가능하다.

완성된 반죽은 아래쪽에 깔린
식탁보 무늬가 보일 만큼 얇다.

필링을 넣고 굴려 말아낸
슈트루델의 모습.

마우리치오 할아버지의

페스토 알라 제노베제

넉넉한 2인분

로제타 할머니의 바질 소스(28쪽)는 페스토보다 더 크리미해서 맛있다. 이쯤 되면 완벽한 페스토는 어떻게 만드는지 궁금하지 않은가? 이 질문에 답해줄 최고의 적임자는 페스토 만들기 세계 챔피언이자 현재 이 대회의 심사위원인 마우리치오 발레 할아버지일 것이다.

완벽한 페스토를 만들려면 첫째, 필요한 도구를 제대로 갖추어야 한다. 마우리치오 할아버지는 오래전부터 손절구를 수집해왔다. 손으로 깎아 만든 고대 로마시대 것부터 기계로 찍어낸 현대식 제품까지 다양하게 구비하고 있다. 그중 개인적으로 가장 마음에 드는 것은 어느 수녀원에서 나온 시리즈다. 절구통마다 빻을 수 있는 재료의 이름이 표시되어 있는 것으로 보아 수녀님들은 각 재료의 고유한 맛을 해치고 싶지 않았던 모양이다. 이 시리즈의 공통점은 절구통이 모두 대리석으로 만들어졌다는 것인데, 대부분은 미켈란젤로가 작품용 돌을 채취했던 도시인 카라라의 길바닥에서 가져온 대리석이라고 한다. 절굿공이는 모두 사과나무나 배나무 같은 과실수로 만들어서 무척 단단하고 촉감도 좋다.

둘째, 알맞은 재료를 준비해야 한다. 최고의 바질 페스토를 만들려면 최고의 바질이 필요하고, 품종은 바질리코 제노베제basilico Genovese여야 한다. 이 바질을 키우기에 가장 적합한 곳은 제노바 서쪽에 있는 작은 마을 프라다. 마우리치오 할아버지는 자신의 묘목장이 바다를 굽어보는 곳에 위치한 덕분에 풍미가 더 강한 바질을 얻을 수 있다고 생각한다.

잣도 피네아 소나무(지중해 소나무)에서 채취한 이탈리아산이어야 한다. 이탈리아산 잣은 끝부분에 갈색 고깔이 없는 것이 특징이다. 색깔은 크림색에 가까우며 모양은 길쭉하다. 가격은 다소 비싼 편이다. 치즈는 페코리노 사르도와 파르미자노 레자노를 쓴다. 페스토는 파스타, 수프, 익힌 채소와 샐러드에 잘 어울린다.

싹이 나지 않은 마늘 1쪽
암염 ½ts
생바질 잎(줄기 제외) 50g
이탈리아산 잣 3TS
페코리노 사르도 치즈 간 것 ½TS
최소 18개월 이상 숙성된 파르미자노 레자노 치즈 간 것 4TS
엑스트라버진 올리브유 4TS(얼얼한 맛이 나는 토스카나산 제외)

마우리치오식 페스토를 만들려면 먼저 마늘과 소금을 손절구에 넣고 절굿공이로 잘 찧어 곤죽 상태로 만든다. 여기에 바질과 잣, 치즈를 넣고 절굿공이로 원을 그리며 충분히 짓이긴다(망치질하듯 쿵쿵 빻아서는 안 된다). 되직한 페이스트 상태가 되면 올리브유를 넣고 잘 휘저어 섞는다. 할아버지는 '각 재료의 풍미가 서로 조화를 이루게' 하는 것이 포인트라고 말한다(물론 푸드 프로세서에 모든 재료를 한꺼번에 넣고 갈아도 된다. 하지만 전통 방식으로 만드는 것이 더 맛있고 농도도 진하다).

프란코 할아버지와 알레산드라 할머니의

마저럼 드레싱을 곁들인 코르체티

6인분

알프스 산맥과 아펜니노 산맥에 마치 스테이플러로 고정시킨 것처럼 자리 잡고 있는 리구리아 주에는 자동차 도로가 길게 이어져 있다. 이 도로는 이탈리아의 주름진 어깨솔기라고 할 수 있다. 깎아지른 듯한 지형 탓에 기계화된 대규모 농업은 적합하지 않아서 여전히 작은 농장에서 과일과 채소를 키워 내다파는 사람들이 많다. 따라서 리구리아 주의 지역 농산물 시장은 이탈리아의 대다수 재래시장과 분위기가 완전히 다르다. 이곳에서는 대형 도매업체에서 사온 물건을 되파는 생기 없는 노점들은 찾아보기 힘들다.

키아바리에는 햇빛과 흙냄새가 배어 있을 것 같은 주름진 토마토와 신문지에 둘둘 싼 제노바산 바질을 파는 노천 시장이 있다. 이곳의 분위기는 제라늄 향기가 묻어나는 어둡고 흐린 오후를 떠오르게 한다.

우리는 매력적인 프란코 카조니 할아버지와 그의 아내 알레산드라 할머니의 안내로 마을을 한 바퀴 둘러보았다. 프란코 할아버지는 능력 있는 목공예 기술자로서 뱃머리 장식을 전문으로 제작한다. 또 부업으로 동전 모양의 파스타인 코르체티*를 만드는 데 사용되는 스탬프를 만든다. 그의 작은 공방은 마치 요정들과 포세이돈의 두상, 바다로 돌아가고 싶어하는 풍만한 가슴의 인어 조각상 등이 가득한 알라딘의 동굴 같다.

파스타

0밀가루 또는 일반(다목적) 밀가루 600g
(00밀가루보다 입자가 더 곱지 않아도 된다)
달걀노른자 5개 + 푼 달걀 1개
드라이한 화이트와인 약 150ml 혹은 반죽을 뭉칠 정도의 양

드레싱

리구리아산 엑스트라버진 올리브유 또는 기타 풀향이 나는 올리브유 100ml
이탈리아산 잣 120g(37쪽 참조)
생마저럼 잎 25g
마늘 2쪽

먼저 파스타를 만든다. 반죽판이나 커다란 볼에 밀가루를 쏟고 한가운데를 우묵하게 파서 구덩이를 만든다. 준비된 달걀을 구덩이에 붓고 포크로 밀가루와 달걀을 대강 섞은 다음 와인을 조금씩 천천히 붓는다. 반죽을 하나로 뭉쳐서 매끈하고 윤기가 돌 때까지 약 10분 동안 잘 치댄다. 반죽 표면이 마르지 않도록 마른행주로 덮거나 뚜껑 있는 볼에 담아서 최소 15분 이상 휴지시킨다.

반죽판과 밀대, 반죽에 덧밀가루를 고루 뿌린 뒤 반죽을 밀기 시작한다. 두께는 금은박지로 씬 동전 모양 초콜릿과 똑같은 3mm 정도가 적당하다. 반죽 두께가 지나치게 얇으면 스탬프로 꾹 누를 때 양면의 문양이 맞닿아 뭉개진다고 알레산드라 할머니는 설명한다.

코르체티용 스탬프가 있을 경우, 먼저 원통형 받침의 밋밋한 쪽을 이용해 반죽을 원반 모양으로 찍어낸다. 스콘이나 쿠키 반죽을 찍어낼 때처럼 마지막에 손목을 살짝 비틀어주는 것이 요령이다. 뒤이어 받침의 문양이 있는 쪽에 동그랗게 찍어낸 반죽을 올리고 스탬프로 꾹 눌러서 양면에 문양을 새긴다. 전용 스탬프를 이용해 준비된 반죽에 모두 문양을 새긴다. 스탬프가 없다면 작은 유리컵이나 쿠키 커터로 대신해도 된다.

큰 냄비에 물을 팔팔 끓인다. 소금 1ts을 넣고 다시 끓어오를 때까지 기다렸다가 파스타를 넣고 4분쯤 삶는다. 씹었을 때 물컹하지 않고 단단한 느낌이 날 정도로 익히는 게 포인트. 파스타를 건져서 접시에 담는다. 파스타를 삶는 동안 작은 팬에 잣과 마저럼, 마늘, 올리브유를 넣고 약한 불에서 4분 동안 바글바글 끓인다. 이때 잣이 타지 않도록 잘 지켜봐야 하지만 살짝 노릇해진 정도는 상관없다. 마늘을 건져내고 완성된 드레싱을 파스타에 끼얹어 곧장 식탁에 올린다.

완성된 음식 사진은 다음 페이지에

코르체티*는 리구리아 주의 대표 파스타다. 전용 스탬프로 문양을 새긴 이 파스타의 기원은 르네상스 시대로 거슬러 올라간다. 당시의 귀족들은 가문의 문장을 파스타에 새겼다. 반대쪽 면에는 화려한 십자가 문양을 공통적으로 넣었는데, 코르체티의 또다른 이름인 크로체티croxetti는 아마도 여기서 비롯된 듯하다. 오늘날에는 꿀벌, 밀, 회사 로고 등 원하는 문양을 자유롭게 새겨넣을 수 있다. 전용 스탬프가 없다면, 작은 유리컵이나 쿠키 커터를 사용하라. 모양은 덜 예뻐도 맛은 똑같다.

로자 할머니의

달콤한 와인으로 맛을 낸 탈리아텔레

3~4인분

먼 옛날, 설탕은 돈 많은 부자들만 먹을 수 있었던 귀하고 비싼 재료였다. 베네치아 사람들은 설탕을 높은 지위의 상징으로 여겼다. 축하할 일이 있을 때는 자신의 부와 권력을 과시하기 위해 설탕으로 조각상을 만들 정도였다. 비유하자면 황금 번호판을 단 람보르기니의 16세기 버전이라고 할 수 있을 것이다. 이탈리아의 귀족들은 설탕을 유난히 좋아해서 달콤한 음식을 먹기 위한 새로운 식사까지 만들어냈다. 콜라치오네collazione라는 이름의 이 식사는 수 세기를 지나면서 아침 식사로 정착되었다. 오늘날에도 이탈리아에는 아침에 달콤한 페이스트리류를 즐기는 사람들이 꽤 있다.

평범한 이탈리아 사람은 단맛을 과일에서 얻는다. 포도를 즙과 껍질, 씨까지 함께 으깬 것을 포도 머스트라고 한다. 포도 수확철에 이 머스트를 천천히 뭉근하게 끓여서 걸쭉한 시럽 상태로 만든 끓인 와인을 빈코토vincotto라고 부른다. 빈코토는 백설탕 대신 단맛을 내는 재료로 쓸 수 있다.

이탈리아 남부 바질리카타 주에서는 빈코토에 넓적한 끈 모양 파스타 투막트tumact를 넣고 뭉근히 졸여 소스 맛을 배게 한 뒤 호두를 고명으로 뿌린 요리를 수확 철 일꾼들의 간식으로 만든다. 여기서는 마스키토 마을에 사는 로자 할머니의 레시피를 소개한다.

파스타

고운 세몰리나 가루 150g
00밀가루 또는 일반(다목적) 밀가루 150g
소금 1자밤
따뜻한 물 120ml

드레싱

빈코토 250ml
시나몬 파우더 1ts
잘게 부순 호두 100g

반죽판에서 밀가루와 소금을 고루 섞은 뒤 한가운데 우묵한 구덩이를 만든다. 여기에 한 손으로 물을 천천히 붓고, 다른 손끝으로 밀가루를 살살 뒤적거리며 섞는다. 한 덩어리로 뭉쳐 부드럽지만 끈적이지 않는 반죽을 만든다. 5분 동안 충분히 치대서 반죽판에 밀가루가 남지 않게 한다. 완성된 반죽을 마른행주로 덮거나 뚜껑 있는 볼에 담아서 최소 30분 이상 휴지시킨다.

반죽을 약 2mm 두께로 민다. 일반 탈리아텔레처럼 얇을 필요는 없다. 칼이나 파스타 커터를 이용해 길이 13cm, 폭 2cm의 짤막하고 넓은 끈 모양으로 자른다. 자른 파스타는 서로 달라붙지 않도록 넓게 펼쳐놓는다.

큰 소스팬에 물을 팔팔 끓인 뒤 소금 1ts을 넣는다. 물이 다시 끓어오르면 파스타를 넣고 2분 동안 삶아서 물기를 완전히 제거한다.

파스타가 충분히 담길 만큼 넉넉한 소테팬에 빈코토와 시나몬 파우더를 넣고 약한 불로 끓인다. 약하게 끓기 시작하면 파스타를 넣고 빈코토에 완전히 잠기도록 가볍게 섞어준 뒤 파스타에 소스 맛이 배도록 1분쯤 뭉근하게 조린다.

넓은 접시에 파스타와 남은 소스까지 옮겨 담고 호두를 뿌려 여럿이 나누어 먹는다.

로베르트토 할아버지의

'털북숭이' 탈리아텔레

4인분

로베르트토 페레티 씨는 지역 병원에서 근무하는 심리상담사지만, 쉬는 날에는 야생 식물, 특히 식용 허브를 찾아다니느라 바쁘다. 그는 주변 사람들에게 식용 허브의 채집 방법과 허브를 이용한 특별한 파스타 레시피까지 가르쳐준다. 바로 이탈리아 중부의 마르케 주에서만 맛볼 수 있는 '타줄리 필루시tajuli pilusi'라는 파스타다. 타줄리는 탈리아텔레를 뜻하는 지역 방언이고, 필루시는 털북숭이라는 뜻이다. 이런 이름이 붙은 건 통밀로 만든 파스타라 표면이 거칠기 때문이다. 그러나 실제로 로베르트토 할아버지는 통밀가루와 1등급 연질 밀가루를 반반씩 섞어서 사용한다.

야생초를 채집할 때는 먼저 자신이 뜯으려는 풀이 무엇인지 확실히 알아야 한다. 우드랜드 트러스트(영국 최대의 생태계 보호 단체) 같은 곳의 웹사이트를 살펴보면 자세한 안내를 받을 수 있다. 풀은 활발하게 성장 중인 어린 잎이 가장 맛있다. 따라서 채취할 만한 풀의 종류는 시기에 따라 달라진다. 먼저 쐐기풀, 민들레, 치커리, 왕질경이, 서양톱풀 같은 흔한 야생풀을 찾아보자. 슈퍼마켓의 채소 코너에서 골라야 한다면 셀러리, 근대, 엔다이브, 파슬리, 시금치, 수영(소렐), 물냉이, 산마늘 등도 좋다. 이탈리아 사람들은 쌉쌀한 맛을 좋아해서 어떤 채소들을 고르든 치커리나 엔다이브를 꼭 포함시킨다.

파스타

통밀가루 200g
일반(다목적) 밀가루 200g
소금 ¼ts
따뜻한 물 약 200ml

녹색 채소 스튜

질긴 줄기를 떼어내고 대충 썰어 준비한 신선한 잎채소와 허브 모둠 1kg
엑스트라버진 올리브유 4TS
다진 마늘 3쪽 분량
얇게 썬 붉은 칠리 페퍼 1개
다진 앤초비 50g

먼저 파스타를 만든다. 두 가지 밀가루에 소금을 잘 섞은 다음, 한 가운데에 우묵한 구덩이를 만들어 준비된 물을 거의 다 붓는다. 물 양은 사용하는 밀가루의 브랜드에 따라 조금씩 달라진다. 반죽을 한 덩어리로 뭉쳐서 10분 동안 잘 치댄다. 부드럽지만 끈적이지 않는 반죽이 완성되면 마른행주로 덮거나 뚜껑 있는 볼에 담아 30분 동안 휴지시킨다. 밀대로 반죽을 적당히 얇게 민 다음 그 상태로 5분쯤 말린다. 반죽 위에 덧밀가루(중력분)를 고루 뿌리고 카펫처럼 말아서 약 1cm 폭의 긴 끈 모양이 나오게 칼로 착착 썬다. 자른 파스타를 흔들어서 가닥가닥 흐트러뜨린다(로베르트토 할아버지는 파스타 밑으로 칼날을 밀어넣고 들어올려 한꺼번에 풀어준다). 파스타를 반죽판에 넓게 펼쳐놓는다.

큰 냄비에 소금물을 팔팔 끓인 뒤 준비된 채소를 모두 넣고 물러질 때까지 5~10분쯤 뭉근하게 삶는다(시간은 허브의 종류에 따라 조절한다). 냄비의 물은 그대로 둔 채 채소만 건져서 체에 밭이거나 국자로 꾹꾹 눌러서 물기를 최대한 뺀다(너무 뜨거워서 손으로 직접 짜기는 힘들다). 물기 뺀 채소는 한쪽에 준비해두고, 깊은 소테팬에 올리브유를 두르고 중간불로 달군다. 먼저 마늘을 1분 동안 볶은 뒤 고추와 앤초비를 넣는다. 마늘과 앤초비의 맛이 서로 어우러지면 삶은 채소를 넣고 5분쯤 푹 익힌다.

그러는 동안 파스타를 삶는다. 채소를 삶았던 물을 다시 팔팔 끓여 파스타를 넣는다. 물이 다시 약하게 끓어오르면 1분쯤 더 끓인 뒤 한 가닥만 건져서 먹어본다. 다 익었으면 파스타만 건져 물기를 대충 뺀 다음 채소 소테팬에 넣고 가볍게 섞어서 완성한다. 이 파스타는 치즈를 곁들이지 않는 것이 전통이다.

파스콸리나 할머니와
마리아 할머니의

토마토 앤초비 소스를 얹은 탈리아텔레

5~6인분

이탈리아 남부 바질리카타 주에 있는 작은 벽지 마을 바릴레는 수백 년 전 알바니아 사람들이 이주해와서 정착한 곳이다. 지금도 이곳의 언어와 요리에는 알바니아 사람들의 영향이 많이 남아 있다. 이곳에 사는 파스콸리나와 마리아 할머니에게 투막트 메 툴레즈tumact me tulez 만드는 법을 배워보았다. 투막트 메 툴레즈는 토마토와 앤초비 소스를 얹은 탈리아텔레를 가리키는 이 지역 방언이다. 이 파스타는 마지막에 치즈 대신 노릇하게 볶은 바삭한 빵가루와 호두를 뿌려서 평범한 요리에 호사스러운 느낌을 더해준 것이 특징이다.

빵가루를 만들 때는 말라서 딱딱해진 시골 스타일 빵이나 사워도우를 쓰는 게 가장 좋고, 블렌더에 너무 곱지 않게 갈아야 식감을 살릴 수 있다. 이렇게 만든 빵가루는 심플한 파스타 요리의 고명으로 다 잘 어울리고, 요리에 뿌려서 그릴에 구워내도 좋다. 밀폐용기에 보관하면 일주일까지 쓸 수 있으므로 한꺼번에 넉넉히 만들어둘 만하다.

파스타

고운 세몰리나 가루 500g
물 250ml

소스

엑스트라버진 올리브유 50ml
마늘 2쪽
건조 붉은 칠리 페퍼 1개
잘게 썬 파슬리 1TS
국물을 뺀 상태의 앤초비 60g
화이트와인 약 125ml
스푼 뒷면으로 으깬 캔 홀토마토 400g
토마토 파사타 500g
생바질 잎 25g
소금 ½ts(앤초비가 짤 수 있으므로 먼저 간을 본 다음 추가할 것)

빵가루 드레싱

엑스트라버진 올리브유 1~2TS
빵가루 100g
다진 마늘 1쪽(선택)
곱게 다진 호두 50g
잘게 썬 파슬리 2TS

21쪽의 설명대로 밀가루를 반죽해서 휴지시킨다.

소테팬에 올리브유를 두르고 중간불로 달군 뒤 통마늘과 붉은 칠리 페퍼, 파슬리, 앤초비를 넣고 앤초비가 기름에 다 녹을 때까지 5분 동안 볶는다.

여기에 와인을 붓고 수분이 다 날아가도록 그대로 둔다. 캔 토마토와 토마토 파사타를 넣고 잘 휘저어 섞는다. 바질 잎을 통째로 넣고 간을 봐서 부족하면 소금을 더 넣는다. 그 상태로 10분쯤 뭉근하게 졸인다.

다음은 드레싱을 만들 차례다. 큰 프라이팬에 올리브유를 두르고 센 불로 2분쯤 달군다. 빵가루를 넣고 노릇노릇하고 바삭해질 때까지 계속 뒤적거리며 볶는다. 마늘을 좋아하면 빵가루 색깔이 변하기 시작할 즈음 다진 마늘을 넣고 잘 섞는다. 다 볶은 빵가루는 빨리 식도록 깊지 않은 볼에 옮겨서 넓게 펼쳐놓는다. 빵가루가 식으면 호두와 파슬리를 넣고 섞는다.

이제 파스타를 만들 차례다. 밀대로 반죽을 1~2mm 두께로 민다. 파스콸리나와 마리아 할머니는 각각 폭이 다른 세 가지 탈리아텔레를 보여주었는데, 이 중 원하는 것을 선택하면 된다. 단, 파스타 익힘 정도의 문제가 있으므로 어느 것이든 한 가지만 골라야 한다. 물결무늬 파스타 커터를 이용해 1cm 폭의 넓은 띠 모양으로 자르면 시간이 절약될 뿐 아니라 모양도 가장 예쁘다.

큰 소스팬에 물을 팔팔 끓인 뒤 소금 2ts을 넣는다. 물이 다시 끓어오르면 파스타를 한꺼번에 넣고 한번 휘저어준 다음 2분쯤 더 끓인다. 한 가닥만 건져서 익었는지 먹어본다. 다 익었으면 파스타를 건져 물기를 완전히 뺀다.

토마토소스에서 마늘과 붉은 칠리 페퍼, 바질 잎을 건져낸다. 커다란 서빙 접시에 빵가루 드레싱, 파스타, 소스를 차례로 층층이 담아 곧바로 식탁에 올린다.

가장자리를 꾹꾹 눌러 이어붙인 뒤 양쪽 귀퉁이를 접어
만두처럼 빚는다.

코르넬리아 할머니의

호두 페스토 판소티

4~5인분

코르넬리아 할머니의 집은 리구리아 주 연안의 가파른 언덕에 거의 매달려 있는 올리브나무 숲 안쪽 고지대에 자리 잡고 있다. 봄이면 올리브나무 그늘 아래 피어난 갖가지 야생화들이 아련한 분위기를 자아낸다. 코르넬리아 할머니는 이곳에서 직접 채취한 야생 허브로 판소티pansotti를 만든다. "내 레시피에는 적어도 일곱 가지 이상의 허브가 들어가요. 그것도 반드시 다 자라지 않은 연한 잎이어야만 서로 맛의 균형을 이룰 수 있어요. 민들레 같은 풀은 쌉싸래한 맛이 나고, 보리지는 오이 향이 나죠. 반면 쐐기풀, 초롱꽃, 오이풀류 같은 것들은 모두 풍미가 약한 편이에요." 판소티 필링으로 사용하는 야생풀 모둠을 현지에서는 프레보존preboggiòn이라고 부르는데, 조합하는 풀의 종류는 채취 시기와 장소, 개인 취향에 따라 달라진다.

리구리아 주의 시장이나 마트에서는 프레보존을 만들어서 판매한다. 레시피에 딱 맞는 허브 모둠이 없다는 이유로 이 라비올리를 만들지 못한다면 터무니없는 핑계일 뿐이다. 대신 시금치, 물냉이, 루콜라(로켓) 등을 자유롭게 섞어서 써도 상관없다. 레드 치커리 같은 채소를 사용하면 맛이 좀 더 강렬해질 것이다.

파스타
00밀가루 또는 일반(다목적) 밀가루 400g
달걀 1개
엑스트라버진 올리브유 1TS
물 약 150ml

필링
녹색 잎채소 모둠 500g
생마저럼 잎 3ts
약간의 소금과 함께 으깬 마늘 1쪽
엑스트라버진 올리브유 1TS
푼 달걀 1개
파르미자노 레자노 치즈 50g

호두 페스토
빵가루 50g(47쪽 참조)
우유 약 300ml
호두 100g
이탈리아산 잣 50g(37쪽 참조)
마늘 1쪽
생마저럼 잎 3ts
소금, 후추

18쪽의 설명대로 파스타 반죽을 만든다. 반죽을 휴지시키는 동안 필링을 준비한다.

큰 냄비에 소금물을 팔팔 끓여서 준비한 잎채소를 넣고 5분쯤 삶는다. 채소를 건져 물기를 최대한 꼭 짠다. 물기를 뺀 프레보존의 무게는 270g쯤 될 것이다. 이것을 모두 잘게 다진 다음 나머지 재료를 넣고 잘 섞는다.

이제 판소티를 만들 차례다. 먼저 반죽을 약 1mm 두께로 얇게 민 뒤, 사방 5~6cm 크기의 정사각형으로 자른다. 준비된 필링을 1ts씩 올리고 네모난 반죽을 대각선으로 접어 세모꼴로 만든다. 가장자리를 꼭꼭 눌러 이어붙인 다음 양쪽 귀퉁이를 접어서 만두처럼 맞붙인다. 판소티는 리구리아 방언으로 '배'라는 뜻인 만큼 배불뚝이처럼 보이게 만들어야 한다.

이제 호두 페스토를 준비한다. 먼저 빵가루를 우유에 담가 불린 뒤 꼭 짠다. 이때 사용한 우유는 버리지 말고 나중에 모든 재료를 섞을 때 넣는다. 오븐을 140℃로 예열한다. 잣과 호두를 각각 2개의 오븐 팬에 넓게 펼쳐서 10분쯤 노릇노릇하고 고소한 향이 나게 굽는다. 둘 중 한쪽이 더 빨리 구워질 수 있으므로 내내 주의 깊게 지켜봐야 한다. 완전히 식힌 호두와 잣을 나머지 재료와 함께 블렌더에 넣고 강속으로 간다. 부족한 수분은 빵가루를 불렸던 우유로 보충해가며 향긋하고 걸쭉한 페스토를 만든다. 농도는 약간 질척한 후무스와 비슷한 정도가 좋다. 마지막으로 간을 맞추고 취향에 따라 마저럼을 추가한다.

큰 냄비에 소금물을 팔팔 끓여서 판소티를 5분 동안 익힌다. 물기를 뺀 파스타에 페스토를 넣고 고루 섞는다. 남은 페스토는 디핑 소스로 활용하거나, 채소나 삶은 닭고기 위에 얹어도 맛있다.

le kg
cat. I
France

안젤라 할머니의

트라파니식 페스토 부지아테

6인분

안젤라 할머니는 남편과 함께 밀농사를 짓는다. 얼마 전부터는 페르차자키라는 시칠리아 특산 고급 듀럼밀을 다시 재배하고 있다. 안젤라 할머니는 이 밀가루로 배배 꼬인 마카로니처럼 생긴 부지아테busiate를 만든다. 부지아테는 시칠리아 섬 서쪽의 작은 도시 트라파니에서 즐겨 먹는 파스타로, '부자busa'라는 지중해산 풀의 줄기를 이용해 반죽을 꼬기 때문에 붙여진 이름이라고 한다. 부자 줄기 대신 대나무 꼬챙이 같은 것을 사용해도 좋다.

트라파니식 페스토는 마늘이 듬뿍 들어간 것이 특징으로 안젤라 할머니는 1인분에 마늘 1쪽을 넣으라고 추천한다. 살레미 마을에서는 전통적으로 마늘, 토마토, 바질, 올리브유만으로 페스토를 만들었다. 그러나 최근 들어서는 트라파니만의 특성을 살려 여기에 아몬드와 잣을 추가한다. 그래서 일반 페스토(37쪽 참조)처럼 생생한 녹색을 띠진 않지만 여름용 파스타 소스로 강력 추천할 만하다.

파스타

고운 세몰리나 가루 500g
(가능하면 안젤라 할머니처럼 고급 밀가루를 쓸 것)
미지근한 물 250ml
소금 ½ts

페스토

잘 익은 중간 크기 토마토 16개
마늘 6쪽(취향에 따라 조절)
소금 1ts
바질 잎 8줄기
껍질 벗긴 통아몬드 20g
이탈리아산 잣 10g(37쪽 참조)
엑스트라버진 올리브유 약 50ml

21쪽의 설명대로 파스타 반죽을 만든다. 반죽을 2등분해서 각각 1cm 두께로 민 다음, 1cm 폭의 끈 모양으로 썬다. 이 끈을 다시 휴대폰 충전 케이블과 비슷한 두께로 밀면 길이가 20cm쯤 될 것이다. 이것을 2등분 또는 3등분한다.

이제 부지아테 모양을 낼 차례다. 자른 파스타를 반죽판에 세로로 길게 놓은 다음, 왼손으로 꼬챙이를 파스타의 12시 방향 끝부분과 45도 각도를 이루게 놓는다. 오른손으로 꼬챙이를 잡고 파스타 끝을 살짝 누른 상태에서 꼬챙이를 자신의 몸 쪽으로 조금씩 굴리면 파스타가 꼬챙이에 돌돌 말리기 시작한다. 파스타가 말리는 동안 손바닥으로 지그시 눌러주되 너무 세게 누르면 꼬챙이에 달라붙을 수 있으니 주의한다. 파스타가 끝까지 다 말리면 꼬챙이를 똑바로 세워서 파스타를 빼낸다. 이 과정을 준비된 반죽을 다 쓸 때까지 반복한다. 성형이 끝난 부지아테는 살짝 말려서 다음 날 사용해도 된다.

토마토 껍질을 벗긴다. 안젤라 할머니는 이 작업을 플라스틱 손잡이에 칼날이 깔쭉깔쭉한, 내가 '논나 나이프'라고 부르는 걸로 마치 사과 껍질을 까듯 능숙하게 해낸다. 토마토에 칼집을 넣어 끓는 물에 5분쯤 데쳐서 한 김 식힌 다음 손으로 껍질을 벗기는 방법도 있다. 껍질을 제거한 토마토를 굵게 다져 즙과 함께 그릇에 담아둔다.

이제 페스토를 만들 차례다. 올리브유를 제외한 모든 재료를 한꺼번에 푸드 프로세서에 넣고 갈면 쉽고 간단한데, 이때 너무 곱게 갈지 않아야 페스토의 식감이 좋다. 이어 올리브유를 넣고 잘 섞으면 완성이다.

손절구를 사용하려면 먼저 마늘과 소금을 잘 찧은 다음 바질 잎, 아몬드, 잣을 넣고 아몬드가 산산조각이 나도록 충분히 빻는다. 이어 다진 토마토를 넣고 고루 휘저어준 뒤 올리브유를 섞으면 완성이다.

큰 냄비에 소금물을 팔팔 끓여 부지아테를 넣는다. 물이 다시 끓어오른 시점부터 6분쯤 더 익힌다(파스타의 두께에 따라 시간을 조정한다). 익었는지 알 수 있는 가장 좋은 방법은 먹어보는 것이다. 파스타를 건져서 준비된 페스토에 버무린다. 토마토 즙이 들어갔기 때문에 굳이 파스타 삶은 물을 추가하지 않아도 잘 버무려진다. 이 파스타 요리는 치즈를 따로 뿌리지 않고 완성된 즉시 식탁에 올린다.

2

채소

이번 장에서 소개할 파스타 요리는 엄격한 채식주의자를 위한 것은 아니다. 몇몇 레시피에는 고기가 약간 들어가기 때문이다. 우리가 촬영한 할머니들은 실제로 채식 위주의 식생활을 하면서도, 채식주의자라는 말은 외계인처럼 이해하기 힘들고 낯선 개념으로 생각했다. 할머니들에게 육류는 자주 쓸 수 없는 귀한 재료였기 때문에 이 장의 레시피에는 신선한 고기 대신 소시지나 판체타*가 들어간 소스가 가끔 사용되는 정도다. 물론 레시피에서 육류를 빼도 괜찮다. 그저 이 장은 채소에 대한 예찬 정도로 생각하면 된다. 무엇보다 중요한 것은 제철 채소를 쓰는 것이다. 토마토 파사타를 직접 만들기 힘들다면 품질 좋은 캔 홀토마토로 대체할 수 있다.

마르게리타 할머니의

봄 채소 카바티

4~6인분

마르게리타 할머니는 이탈리아의 유명한 방랑 셰프, 카르멜로 키아라몬테의 어머니다. 카르멜로는 늘 음식과 사랑의 연관성을 찬양하며, 지극히 단순한 재료를 조합해 맛의 최대치를 이끌어낸다. 마르게리타 할머니는 종종 아들의 보조 요리사로 등장해 파스타를 내리꽂듯 탁탁 던지며 반죽하는 극적인 장면을 보여주곤 한다.

마르게리타 할머니의 집에서는 시칠리아 섬 남동쪽에 있는 도시, 모디카의 전경이 한눈에 들어온다. 이른 봄에는 집 주위에 펼쳐진 넓은 목초지에서 야생 아스파라거스와 펜넬이 자란다. 야생화 채취를 좋아하고 운 좋게 가문비나무 새순을 구할 수 있다면, 이 카바티cavati를 만들어볼 만하다. 아래에 필요한 재료와 양을 구체적으로 적어두긴 했지만, 솔직히 텃밭이나 시장에서 구할 수 있는 채소의 종류에 따라 재료도 양도 달라질 수 있다. 따라서 어떤 채소든 싱싱하고 연한 것을 써야 한다는 점만 기억하자. 생펜넬이 없으면 파슬리로 대체해도 상관없다.

이 요리는 먼저 먹기 힘든 채소 뿌리나 껍질 등으로 채수를 끓여 풍미를 최대한 끌어내고, 그 물에 채소를 푹 익힌다. 기름은 마지막에 드레싱으로만 사용한다. 카르멜로는 이 파스타가 그 지역을 대표하는 시골 음식이라고 말한다.

파스타

고운 세몰리나 가루 400g
미지근한 물 180~200ml
소금 ½ts

소스

깍지를 포함한 누에콩 1kg
깍지를 포함한 완두콩 400g
여린 아스파라거스 250g
큰 아티초크 4개
가는 리크 또는 대파 1대
야생 펜넬 잎 한 묶음
리코타 치즈 150g

고명

엑스트라버진 올리브유 약간

누에콩 깍지를 벗기고 콩만 빼낸다. 1kg에서 깍지를 제외한 무게는 300g쯤 된다. 깍지는 버리지 말고 모아둔다. 완두콩도 똑같이 깍지를 벗겨 약 200g의 콩을 준비한다. 아스파라거스는 억센 밑동과 겉부분을 제거한 뒤 4cm 길이로 썬다. 아티초크는 72쪽의 설명대로 손질한다(줄기를 잘라내지 말고 봉오리도 슬라이스하지 않는다). 리크는 지저분한 겉껍질만 벗겨서 굵게 썬다.

손질 후 남은 채소 찌꺼기와 콩깍지를 모두 모아 큰 냄비에 담고 물을 재료가 잠길 만큼 붓는다. 소금 간을 하고 뚜껑을 덮어 40분 동안 푹 끓인다. 건더기는 모두 건져내고 남은 국물에 손질한 채소와 펜넬 잎을 넣고 푹 무를 때까지 30분쯤 뭉근하게 끓인다.

21쪽의 설명대로 밀가루를 반죽한다. 반죽을 약 6mm 두께로 넓게 민다. 가운데 손가락 3개를 합친 것과 비슷한 약 4cm 폭으로 길게 썬 다음, 가로로 늘어놓고 2장씩 포개서 폭 1cm 이하의 막대 모양으로 세로로 자른다. 다시 가로로 둔 막대 위에 가운데 손가락 3개를 가볍게 올리고 자신의 몸 쪽으로 굴려서 만다. 완성된 카바티 파스타의 모양은 완두콩 깍지와 비슷하다.

큰 냄비에 소금물을 팔팔 끓여 파스타를 넣고 5분쯤 삶은 뒤 건져놓는다. 서빙 접시에 리코타 치즈를 담고 삶은 채소를 국자로 퍼서 치즈와 고루 섞는다. 너무 뻑뻑하다 싶으면 채소 삶은 물을 좀 더 넣는다. 이어 파스타를 넣고 살살 섞어준다. 서빙 접시에 덜어 먹기 직전에 엑스트라버진 올리브유를 뿌린다.

마리아 할머니의

칠리 페퍼로 맛을 낸 라스키아텔리

4인분

마리아 할머니 부부는 포도와 밀을 키우는 농부다. "이 농장은 우리 거예요. 부모님은 남의 농장에서 일하는 일꾼이었죠. 나는 일곱 살 무렵부터 부모님이 시키는 대로 파스타를 만들어서 일 마치고 돌아온 부모님과 함께 먹었어요. 그렇게 시작한 거예요. 그때부터 지금까지 줄곧 라스키아텔리Raschiatelli만 만들었어요. 먹을 사람이 많을수록 라스키아텔리의 크기가 더 커지죠. 이것 좀 봐요. 라스키아텔리는 이 지역 사투리로 열 손가락이란 뜻이에요." 마리아 할머니는 이렇게 말하며 밧줄처럼 길게 만든 반죽에 열 손가락을 찔러넣고 자신의 몸 쪽으로 당겼다. "이 파스타는 누에콩 깍지와 비슷할 만큼 엄청나게 커요. 많은 사람들의 배를 한꺼번에 빨리 채우기에 이만한 파스타가 없죠."

마리아 할머니가 열정을 다해 가꾸는 텃밭의 한여름 주인공은 가지런히 열 맞춰 심어진 토마토와 칠리 페퍼다. "텃밭 농사에서 가장 중요한 포인트는 모든 작물을 정성과 사랑을 다해 보살피는 거예요. 흙부터 신경 써야 하죠." 마리아 할머니가 키우는 칠리 페퍼는 페페로네 디 세니제peperone di senise라는 품종이다. 과피가 얇고 약간 움푹 들어간 길쭉한 모양에다 단맛이 강한 것이 특징이다. 여름날 마리아 할머니의 집 그늘진 처마에는 칠리 페퍼가 주렁주렁 걸려 있다. 대부분의 독자들은 페페로네 디 세니제를 구하기 힘들 테니 로마노 칠리 페퍼 같은 길쭉한 칠리 페퍼로 대체하면 된다.

파스타

고운 세몰리나 가루 400g
미지근한 물 180~200ml
소금 ½ts

소스

길쭉한 붉은 칠리 페퍼 2~4개
엑스트라버진 올리브유 3~4TS
얇게 슬라이스한 마늘 2쪽
잘 익은 토마토 큰 것 6~7개
바질 한 묶음
소금

고명

리코타 살라타 치즈* 간 것

21쪽의 설명대로 파스타 반죽을 만든다. 반죽을 살구 크기로 자른 뒤 손바닥으로 살살 밀어 밧줄처럼 길게 늘인다. 굵기는 특별히 가늘거나 통통한 라스키아텔리를 원하지 않는 이상 아스파라거스와 비슷한 정도가 적당하다.

마리아 할머니의 라스키아텔리는 손가락 3개를 합친 정도의 길이다. 밧줄처럼 길게 늘인 반죽 위에 가운데 손가락 3개를 올려서 길이를 먼저 가늠한 뒤 그에 맞춰 조각조각 자른다.

이제 파스타를 성형할 차례. 자른 반죽의 바깥쪽 모서리에 세 손가락을 올리고 지그시 누르면서 자기 몸 쪽으로 당겨 반죽을 또르르 만다. 마리아 할머니는 양손을 동시에 사용해 빠르게 이 작업을 해낸다. 성형을 마친 파스타는 수분이 말라도 상관없지만, 익힐 때 시간이 더 걸릴 것이다.

소스를 만들려면 먼저 칠리 페퍼의 씨와 심지를 제거하고 곱게 채 썬다. 소테팬에 올리브유를 두르고 중약불로 달군다. 칠리 페퍼와 마늘을 넣고 타지 않도록 자주 저어가며 10분쯤 푹 무르게 볶는다.

잘게 썬 토마토를 볶은 칠리 페퍼와 섞고 소금 간을 한 뒤 걸쭉한 소스 상태가 되도록 약 25분 동안 뭉근하게 끓인다. 수분이 다 날아갔는데도 채소가 완전히 뭉크러지지 않았다면 물을 약간 부어준다. 이 소스는 미리 만들어두어도 괜찮다.

마지막으로 바질을 잎만 뜯어서 소스와 잘 섞는다.

큰 냄비에 소금물을 팔팔 끓여 파스타를 넣고, 다시 떠오른 시점부터 4분쯤 더 삶는다(정확한 시간은 라스키아텔리의 크기에 따라 달라진다). 다 익었는지 확인한 뒤 건져서 큰 접시에 담아 소스와 잘 섞어주고 마지막으로 간을 맞춘다. 서빙 접시에 덜어 먹기 직전에 리코타 살라타 치즈 가루를 듬뿍 뿌린다.

밧줄처럼 길게 늘인 반죽의 길이를 가늠한 뒤 조각조각 자른다.

마리아 할머니는 양손을 사용해 빠르게 반죽을 만다.

주세파 할머니의

토마토소스를 얹은 마카로네 데 운자

4인분

아흔일곱 살 주세파 할머니는 이탈리아 서쪽 사르데냐 섬에 있는 오치에리 마을에 산다. 이 지역을 대표하는 요리는 마카로네 데 운자라는 손톱 모양 파스타다.

주세파 할머니는 테이블 모서리에 작은 구멍이 촘촘하게 뚫린 금속판을 걸쳐놓고 그 위에 반죽을 굴려서 마카로네 데 운자를 만든다. 오치에리에서 열리는 칠일장을 방문할 기회가 있다면 운 좋게 이 금속판을 구입할 수 있을 테지만, 그렇지 않다면 너트메그 그레이터*로 충분히 대체할 수 있다. 주세파 할머니 말씀에 따르면 사르데냐의 다른 마을에서는 표면이 거칠거칠한 유리컵이나 타일, 홈이 팬 나무판 같은 도구들을 이용한다고 한다. 그러나 너트메그 그레이터를 쓰면 조그만 산딸기 모양의 파스타가 나온다. 쉽고 만들기도 재미있으니 꼭 시도해보길 바란다.

파스타

고운 세몰리나 가루 400g
미지근한 물 200ml
물에 녹일 소금 ½ts

소스

굵게 다진 양파 1개
마늘 1쪽
엑스트라버진 올리브유 3TS
파슬리 20g
바질 3줄기
토마토 파사타 또는 잘게 다진 생토마토 500g
소금

고명

페코리노 사르도 치즈 간 것
생바질 잎

21쪽의 설명대로 파스타 반죽을 만든다. 작은 덩이로 자른 반죽을 손바닥으로 계속 굴려 크레용 굵기로 길게 늘인다. 이것을 땅콩 크기로 똑똑 떼어낸 다음 너트메그 그레이터에 대고 굴려서 작고 오돌토돌한 뇨키처럼 만든다. 나는 주세파 할머니가 직접 만들어준 마카로네 데 운자를 유리병에 담아 지금까지 보관하고 있다. 예술 작품처럼 아름다워서 차마 먹을 수가 없을 정도다.

이제 토마토소스를 만들 차례다. 올리브유를 두른 소스팬에 양파와 마늘을 충분히 볶는다. 파슬리와 바질, 토마토 파사타를 넣고 가볍게 소금 간을 한 뒤 20분 동안 뭉근하게 끓인다. 이것을 푸드 프로세서나 핸드믹서로 곱게 갈아서 허브와 양파, 마늘의 맛이 잘 어우러진 토마토소스를 완성한다.

큰 냄비에 소금물을 팔팔 끓인다. 불을 약하게 줄이고 파스타를 넣은 뒤 다시 불을 키워 팔팔 끓인다. 약 3분 뒤 익었는지 먹어보고, 덜 익었다면 1분쯤 더 익힌다. 파스타를 건져서 큰 접시에 담고 페코리노 사르도 치즈 가루를 듬뿍 뿌려 간이 배게 한다. 서빙 접시에 덜어 약간의 토마토소스와 바질 잎을 얹어 낸다.

마리아 할머니의

브로콜리 토마토소스 사녜

4인분

마리아 할머니는 이탈리아 동남부 풀리아 주의 작은 도시 레체 외곽에서 평생 살아왔다. 열세 살 때부터 파스타를 만들었다는 그녀는 매주 집에서 만든 빵 반죽을 빵집에 갖다주는 일까지 도맡아 했다. 16킬로그램에 이르는 무거운 반죽을 기다란 널빤지에 올려서 어깨에 짊어지고 빵집까지 걸어가는 길이 어땠을지는 상상에 맡긴다. 이는 여덟 식구가 일주일 동안 먹을 빵의 양이었다.

이탈리아 사람들은 녹색 채소를 무척 좋아한다. 치메 디 라파cime di rape라는 채소 이름은 들어봤을지도 모르겠다. 하지만 무늎리mugnuli 또는 브로콜레티 살렌티니broccoleti Salenttini는 이름은 생소할 것이다. 무늎리는 치메 디 라파와 비슷한 브라시카(양배추, 브로콜리, 순무, 겨자 같은 유채속 식물)로, 서남부의 캄파니아 주는 물론 풀리아 주의 살렌토 지역에서도 많이 재배한다. 마리아 할머니는 무늎리를 이렇게 설명한다. "어린 브로콜리와 비슷하지만 꽃봉오리가 더 작고 조직도 엉성한 편이죠. 꽃은 흰색이고요. 하지만 꽃이 눈에 띌 정도면 이미 수확 시기를 놓친 거예요."

우리는 마리아 할머니의 부엌에서 작은 욕조 크기의 콘크리트 개수대 안에 수북하게 쌓인 녹색 채소를 보았다. "먹을 수 있는 부분은 꽃봉오리와 연한 줄기뿐이에요. 맛이나 향은 브로콜리나 콜리플라워처럼 심심한 편이에요. 야생에서 직접 채취할 수도 있지만, 시장에서도 팔죠." 무늎리는 더운 날씨에 약해 연중 구할 수 있는 기간이 매우 짧다. 마리아 할머니도 딱 그 시기에만 이 파스타 요리를 만든다. 이탈리아 남부에 살지 않는 우리 같은 사람들은 무늎리 대신 어린 브로콜리를 쓰면 된다.

파스타
고운 세몰리나 가루 400g
따뜻한 물 180~200ml
소금 ½ts

브로콜리 토마토소스
엑스트라버진 올리브유 3TS
슬라이스한 양파 1개
굵게 다진 잘 익은 토마토 6개
무늎리 또는 브로콜리 줄기 400g
소금

고명
칠리 오일(선택)
리코타 살라타 치즈* 간 것

21쪽의 설명대로 파스타 반죽을 만든다. 밀대로 반죽을 2mm 두께로 넓게 민 다음, 2cm 폭의 넓적한 끈 모양으로 자른다. 이 끈을 반죽판에 놓은 상태에서 한쪽 끝부분을 잡고 반대쪽 손바닥으로 두 번 굴려서 꼬임이 엉성하고 길쭉한 소용돌이 모양의 사녜sagne를 만든다. 끈의 길이가 너무 길면, 반대쪽 끝부분을 잡고 한 번 더 꼬아준다. 꼬인 끈을 반으로 접어서 마른행주를 깐 쟁반에 올려놓는다. 이 상태로 몇 시간 동안 두어도 괜찮다. 사녜는 아이들과 함께 만들기 좋은 파스타다.

소스를 만들 차례. 소테팬에 올리브유를 두르고 달군 뒤 양파를 푹 무를 때까지 약 7분 동안 볶는다. 여기에 토마토를 넣고 잘 섞은 뒤 20분쯤 뭉근하게 끓여서 걸쭉한 소스 상태로 만든다. 소금으로 간을 맞추고, 브로콜리를 넣어 15분쯤 더 끓인다. 필요하면 물을 약간 추가한다. 대다수 사람들은 브로콜리를 푹 무르게 익히는 걸 좋아하지 않지만, 소스가 파스타에 잘 달라붙게 하려면 브로콜리 덩어리가 드문드문 보일 정도의 곤죽 상태로 푹 익힌다.

큰 냄비에 소금물을 팔팔 끓여서 파스타를 넣고 5분쯤 삶는다(시간은 파스타의 크기와 건조된 정도에 따라 달라진다). 익었는지 먹어보고 확인한다. 파스타를 건져서 소스가 담긴 팬에 넣고 잘 섞어서 접시에 옮겨 담는다. 취향에 따라 칠리 오일을 뿌리고, 리코타 살라타 치즈 가루를 듬뿍 얹어 먹는다.

가이아의

토마토소스 쿨루르조네

넉넉한 10인분

유튜브 채널 〈파스타 할머니들〉의 출연자를 찾을 때 우리의 기준은 예순다섯 살 이상이어야 한다는 것이었다. 하지만 이 조건에 맞지 않았던 출연자가 몇 명 있는데, 사르데냐식 라비올리인 쿨루르조네culurgiones의 달인인 가이아도 그중 한 명이다. 그녀가 사는 사르데냐 섬 남동부의 에스칼라플라노 마을에서는 쿨루르조네를 '쿨릭시오니지 아 스피게타culixionisi a spighetta'라고 부른다. 스피게타는 '이삭'이라는 뜻으로 라비올리를 아물린 모양이 이삭과 비슷해서 붙여진 이름이다. 이처럼 쿨루르조네를 부르는 명칭과 크기, 속 재료는 사르데냐 섬 안에서도 마을마다 차이가 있다. 하지만 으깬 감자가 들어가는 건 모두 똑같다. 쿨루르조네는 추수를 마쳤을 때나 죽은 자들의 날(11월 1일) 같은 특별한 날에 만들어서 친목의 상징으로 주변 사람들과 나누어 먹는 파스타다.

"저는 다섯 살 무렵부터 파스타를 만들기 시작했어요. 친조모와 외조모인 마시미나 할머니와 마리아 할머니한테 배웠죠. 이곳 에스칼라플라노 마을에서 평생 살아온 두 분은 제가 놀이하듯 즐겁게 파스타를 만들기를 바라셨어요. 사실 저는 처음부터 파스타 만들기가 참 재미있었답니다. 특히 놀이처럼 생각하니 더 그랬어요! 열아홉 살 때는 할머니들의 파스타 비법을 배우는 데 관심이 생겨서 마시미나 할머니께 가르쳐달라고 졸랐어요. 할머니의 비결은 '손바느질을 하듯 인내심을 갖고 정성을 다해 쿨루르조네의 솔기를 최대한 섬세하고 촘촘하게 아물려라'라는 것이었어요. 마시미나 할머니는 저와 함께 유튜브를 보시고는 무척 좋아하셨죠. 자신의 가르침이 전 세계에 알려진다는 사실이 기쁘셨나봐요. 안타깝게도 할머니는 2018년 9월에 돌아가셨고, 그래서 이 책의 지면을 빌려 하늘에 계신 할머니께 말씀드리고 싶어요. 마시미나 할머니, 제게 큰 사랑과 파스타에 대한 영감을 주셔서 정말 고맙습니다."

이 레시피는 쿨루르조네 약 50개 분량으로, 육류나 생선 코스가 따로 없이도 10명이 메인 요리로 먹기에 충분하다. 냉동이 가능하며(언 상태에서 바로 삶아도 된다), 레시피의 양을 절반으로 줄여서 만들어도 좋다.

레시피는 다음 페이지에

파스타

고운 세몰리나 가루 1kg
물 450~500ml
엑스트라버진 올리브유 1TS
소금 2ts

토마토소스

다진 양파 1개
엑스트라버진 올리브유 3~4TS
토마토 파사타 1kg
생바질 잎 20g + 고명용 약간
소금 ½ts

필링

감자 1kg
곱게 간 숙성 페코리노 치즈 100g
신선한 염소 치즈 200g
굵게 다진 민트 잎 4TS
푼 달걀 1개
소금 약간과 함께 곱게 다진 마늘 2쪽
엑스트라버진 올리브유 4TS
사프란 가루 1자밤(선택)

21쪽의 설명대로 파스타 반죽을 만든다. 반죽에 올리브유를 넣지 않는 사람도 있지만, 마시미나 할머니는 올리브유를 꼭 넣어야 한다고 한다. 반죽이 끝나면 그대로 휴지시킨다.

토마토소스를 준비한다. 먼저 소스팬에 올리브유를 두르고 양파를 푹 무르게 볶은 다음 토마토 파사타, 자르지 않은 바질 잎, 소금을 넣는다. 이것을 30분 동안 뭉근하게 끓인 뒤 바질을 건져낸다.

소스가 끓는 동안 반죽을 약 2mm 두께로 넓게 민다. 8cm 지름의 원형 쿠키 커터를 이용해 동그랗게 찍어낸다. 반죽이 마르지 않도록 물에 적신 깨끗한 행주로 덮어둔다.

이제 필링을 만들 차례다. 감자는 껍질을 벗겨서 4등분해 끓는 물에 15분쯤 삶는다. 다 익으면 물기를 완전히 뺀 뒤 잘 으깬다. 으깬 감자가 미지근한 정도로 식으면 나머지 필링 재료를 한꺼번에 모두 넣고 고루 섞는다.

동그랗게 찍어낸 반죽 위에 필링을 호두알 크기만큼씩 올린다. 필링을 올린 반죽 하나를 (오른손잡이의 경우) 왼손에 쥐고 오른손 엄지손가락과 집게손가락으로 반달의 한쪽 귀퉁이부터 '솔기를 꿰매듯' 촘촘하게 아물리기 시작한다. 번갈아 주름을 잡는 식으로 한쪽 가장자리를 약간 접어 반대쪽에 맞붙이는 동작을 반복하면 된다(유튜브 동영상을 찾아보면 이해하는 데 큰 도움이 될 것이다!). 처음 몇 번은 제대로 모양이 잡히지 않겠지만 맛은 똑같다. 끝으로 갈수록 필링이 밖으로 비어져나와도 걱정할 필요는 없다. 그저 쿨루르조네가 통통해졌을 뿐이다.

큰 냄비에 소금물을 팔팔 끓여서 쿨루르조네를 몇 개씩 나누어 삶는다. 5분쯤 지나 쿨루르조네가 위로 떠오르면 다 익은 것이니 건져서 서빙 접시에 담는다. 토마토소스와 바질 잎 고명을 올리면 완성이다.

펠리카 할머니의

튀긴 가지를 넣은 토마토소스 바질 파스타

4인분

펠리카 할머니는 이탈리아 남부 코스티아라 아말피아나의 해안 마을 프라이아노에서 작은 잡화점을 운영한다. 바닷가 언덕 위에 자리한 이 가게의 와인 코너에서 보이는 풍경은 '전망 좋은 슈퍼마켓' 부문 대상에 도전해도 좋을 만큼 훌륭하다. 펠리카 할머니가 이 레시피를 아끼는 이유는 가족 모두가 좋아해서다. 실제로 그녀의 아들은 촬영 내내 주변을 서성이며 요리가 완성되기를 기다렸다.

비법 재료는 훈제 모차렐라 치즈의 일종인 프로볼라 아푸미카타provola affumicata다. 실처럼 죽죽 늘어나고 소스에 넣었을 때 부드럽게 녹아드는 이 맛있는 치즈는 웬만한 이탈리아 델리에서 대부분 판매한다. 프로볼라 아푸미카타를 구하기 힘들다면 스카모르차, 훈제 모차렐라, 또는 부라타 치즈로 대체할 수 있다. 부라타 치즈를 사용할 경우, 이 레시피와 똑같은 풍미는 기대하기 힘들지만 그래도 맛있을 것이다.

파스타

00밀가루 또는 일반(다목적) 밀가루 200g
고운 세몰리나 가루 200g
푼 달걀 3개
우유 3TS
엑스트라버진 올리브유 1TS
다진 바질 4TS

소스

큰 가지 1개
튀김용 식물성 기름
엑스트라버진 올리브유 2TS
잘게 썬 작은 양파 1개
잘 익은 다진 토마토 400g
대충 썬 프로볼라 아푸미카타 치즈 200g
(대체 가능한 치즈 종류는 위의 글 참조)
소금

고명

손으로 찢은 바질 잎 한 줌
파르미자노 레자노 치즈 간 것 2TS

두 종류의 밀가루를 나무 반죽판에 쏟아서 고루 섞은 뒤 한가운데를 우묵하게 판다. 이 구덩이 안에 달걀을 붓고, 이어서 우유와 올리브유, 바질도 차례로 넣는다. 손끝으로 액상 재료를 휘휘 저어 섞은 다음 밀가루를 조금씩 천천히 섞어가며 반죽하기 시작한다. 매끈하게 치댄 반죽을 마른행주로 덮거나 뚜껑 있는 볼에 담아 30분 동안 휴지시킨다.

가지는 껍질을 벗겨 사방 2cm 크기로 깍둑 썬 뒤 소금을 조금 뿌린다. 체에 담아 개수대에 놓고 30분쯤 그대로 둔다. 물에 헹궈 소금기를 뺀 뒤 햇볕에 말리거나 마른행주로 물기를 제거한다. (가지에서 쓴맛이 나지 않을 거라고 확신한다면 이 단계를 생략해도 좋다.)

코팅된 큰 프라이팬(또는 스킬릿)에 식물성 기름을 적당히 붓고 중강불에 올린다. 기름이 뜨겁게 달아오르면 준비된 가지를 넣고 서로 겹치지 않게 넓게 펼쳐준다. 프라이팬이 작다면 가지를 조금씩 나누어서 튀겨야 한다. 가지의 모든 면이 고루 노릇노릇한 색깔을 띠도록 잘 뒤집어가며 튀긴다. 나중에 기름을 더 넣으면 가지의 식감이 물컹해지므로 주의한다. (이탈리아에서는 이렇게 조리한 가지를 양송이버섯 스타일이라는 뜻의 '푼게토funghetto'라고 부른다.)

또 다른 팬에 올리브유를 두르고 중불에서 달군 뒤 다진 양파를 넣고 7분쯤 볶는다. 굵게 다진 토마토를 추가하고 곤죽 상태가 될 때까지 뭉근하게 푹 끓인다.

토마토소스가 끓을 동안 파스타를 준비한다. 반죽판에 덧밀가루를 고루 뿌리고 휴지시킨 반죽을 약 2mm 두께로 넓게 민다. 카펫처럼 둘둘 말아서 약 1cm 폭의 긴 끈 모양으로 착착 썬 다음 서로 달라붙지 않도록 흩뜨려놓는다.

큰 냄비에 소금물을 팔팔 끓여서 파스타를 넣고 2분 동안 익힌 뒤 건져낸다. 파스타 삶은 물은 한 국자쯤 남겨서 나중에 소스의 농도를 조절할 때 활용한다.

토마토소스에 삶은 파스타와 튀긴 가지, 프로볼라 치즈를 넣고 고루 섞는다. 이때 샐러드 조리용 스푼과 포크를 이용하면 수월하다. 손으로 찢은 바질 잎과 파르미자노 레자노 치즈 가루를 적당히 뿌려서 곧장 식탁에 올린다.

마리아 루이자 할머니와
메나 할머니의

아티초크 페투치네

4인분

마리아 루이자 할머니와 메나 할머니는 시누이, 올케 사이이다. 한 사람은 외향적이고, 다른 한 사람은 수줍음이 많지만, 각각 사랑하는 남편과 오빠를 잃은 데서 비롯된 동지애로 똘똘 뭉쳤다. 두 할머니가 사는 로마 외곽의 마을은 거대한 지중해 소나무가 먼 바다에서 불어오는 바람에 흔들리고, 작은 노점에서 아티초크를 네다섯 종류씩 쌓아놓고 파는 시장이 있는 곳이다.

아티초크는 얼핏 손질할 엄두가 나지 않는 생김새지만, 적어도 반 이상은 버린다고 생각하면 실제 손질법은 크게 어렵지 않다. 이것은 수영장에 뛰어드는 일과 비슷하다. 차가운 물에 천천히 몸을 익숙해지게 하면 괜찮을 거라는 생각에 가장자리에서 어물쩍거리며 시간을 보내선 안 된다. 그냥 마음을 굳게 먹고 작은 과일칼로 뾰족한 잎들을 밑동에서부터 과감하게 떼어내며 손질을 시작하면 된다. 아티초크는 자른 단면이 빠르게 갈변한다. 그래서 마리아 루이자 할머니는 아티초크를 자를 때마다 레몬 조각으로 표면을 문질러주고, 손질이 다 끝나면 레몬 물에 담가둔다.

파스타

00밀가루 또는 일반(다목적) 밀가루 400g
달걀 4개
엑스트라버진 올리브유 1TS(선택)

소스

아티초크 1.5kg(손질 후 슬라이스하면 약 700g)
슬라이스한 레몬 7개
구안찰레* 또는 판체타 200g
페코리노 치즈 간 것 50g
소금

18쪽의 설명대로 달걀 파스타 반죽을 만든다. 이때 올리브유를 추가하면 풍미가 더 좋아진다. 반죽을 휴지시키는 동안 소스를 만든다.

아티초크는 줄기가 있는 아래쪽부터 뻣뻣한 겉잎을 떼어내 연하고 노르스름한 밑동을 드러나게 한다. 밑동부터 위쪽 끝까지 손으로 더듬어 단단한 부분이 끝나는 지점을 찾아낸 뒤 위쪽 끝은 칼로 잘라서 버린다(보통 잎의 3분의 2 지점까지 남기게 된다). 티스푼으로 잔털이 난 부분을 파낸다. 조각낸 레몬으로 아티초크 표면을 전체적으로 문지른 다음 레몬 1개 분량의 즙을 섞은 물에 담근다. 아티초크 손질이 모두 끝나면 최대한 얇게 슬라이스해서 다시 레몬 물에 담가둔다.

슬라이스한 아티초크를 건져서 물기를 제거한 뒤 소테팬에 담는다. 물을 약간 붓고 소금 간을 한 뒤 뚜껑을 덮어 중약불로 10~15분 동안 푹 무르게 익힌다.

그동안 구안찰레 또는 판체타를 한 조각에 살코기와 지방이 고르게 섞이도록 주사위 꼴로 썬다. 넓은 코팅 프라이팬(스킬릿)에 넣고 지방이 녹아 나와 바삭바삭해질 때까지 볶는다(팬에 따로 기름을 두를 필요는 없다).

반죽을 약 2mm 두께로 넓게 민 다음, 카펫처럼 말아서 8mm 폭으로 착착 썬다. 잘 흔들어서 접힌 상태를 풀어주고 서로 달라붙지 않도록 밀가루를 뿌려둔다.

익힌 아티초크의 절반을 푸드 프로세서에 덜어 굵은 덩어리가 몇 개씩 보일 정도로 간다. 이것을 나머지 절반이 남아 있는 팬에 다시 붓고, 바삭하게 볶은 구안찰레(또는 판체타)와 녹은 지방 모두 섞는다. 파스타를 삶는 동안 소스가 식지 않도록 약한 불에 올려둔다.

큰 냄비에 소금물을 팔팔 끓여 파스타를 넣고 2분쯤 삶는다. 아티초크 소스에 파스타 삶은 물을 한 국자 넣어 농도를 조절한다. 건져낸 파스타와 페코리노 치즈 가루를 소스와 잘 섞는다. 서빙 접시에 담아 치즈 가루를 좀 더 뿌려서 먹는다.

이탈리아어로 얇은 리본을 뜻하는 페투치네는 많은 이들이 좋아하는 로마식 탈리아텔레로 이탈리아 중남부에서 두루 접할 수 있다. 탈리아텔레는 에밀리아로마냐 주와 마르케 주에서 처음 만들어진 파스타다. 페투치네는 탈리아텔레보다 폭이 1mm쯤 좁고 약간 더 두껍다. 하지만 홈메이드 파스타에서 이 정도의 차이까지 자를 들고 따질 사람이 몇이나 될까? 페투치네와 탈리아텔레는 서로 얼마든지 대체할 수 있다.

주세피나 할머니의

마늘 토마토소스에 버무린 피치

4인분

올해 아흔세 살인 주세피나 스피간티 할머니는 토스타나 주의 작은 마을 첼레 술리고에서 기념비적인 존재다. 50년 전 시작된 지역음식 축제인 피치 사그라 pici sagra에 첫해부터 참여했던 유일한 생존자이기 때문이다. 피치는 그 지역에서 많이 먹는 파스타지만, 축제까지 열게 된 계기는 마을의 행진 악대를 운영할 기금 마련을 위해서였다. 당시에는 피치처럼 평범한 음식으로 축제를 연다는 것이 이상하게 여겨졌다. 하지만 오늘날 이 축제는 무척 인기가 높아서 주최 측에서는 피치를 만드는 데 밀가루를 자그마치 800킬로그램이나 소비한다. 마을 사람들도 이 전통에 대한 자부심이 남다르다. 주세피나 할머니는 시어머니에게 피치 만드는 법을 배웠다. 이곳에서 100킬로미터쯤 떨어진 움브리아 주에는 피치와 비슷한 움브리첼리umbricelli가 있다. 움브리첼리는 달걀을 전혀 쓰지 않고, 모양도 훨씬 울퉁불퉁하다(참고로 움브리첼리는 지역 방언으로 '지렁이를 닮은'이라는 뜻이다). 다음 장에 나오는 루차나 할머니의 움브리첼리 요리를 참조하라.

파스타

00밀가루 또는 일반(다목적) 밀가루 400g
소금 1자밤
달걀 1개
물 약 165ml
세몰리나 가루 약간(덧밀가루용)

마늘 소스

엑스트라버진 올리브유 4TS
싹이 나지 않은 마늘 5쪽
붉은 생칠리 페퍼 약간(주세피나 할머니는 1개를 3등분해 넣었다)
토마토 파사타 2TS
캔 홀토마토(산마르자노 품종 추천) 400g
소금

이 소스는 2시간쯤 푹 끓여야 하니 파스타 반죽에 앞서 소스부터 준비한다. 작은 소스팬에 올리브유를 붓는다. 기름이 바닥에서 5mm쯤 높이 올라와야 하므로 소스팬이 작을수록 좋다. 약한 불에서 기름을 서서히 데운 뒤 통마늘을 넣고 스푼으로 눌러 으깰 수 있을 정도로 푹 무르게 약 20분 동안 튀기듯 볶는다. 마늘이 타지 않게 주의하면서 15분쯤 지났을 때 칠리 페퍼를 추가해 함께 볶는다. 20분이 지나면 토마토 파사타를 섞어준다. 이어 홀토마토까지 넣고 나무 스푼으로 대강 부순 뒤 소금 간을 하고, 물을 토마토 캔의 절반쯤 부어준다. 이 상태에서 약한 불로 2시간 동안 뭉근하게 더 끓인다. 가끔 수분 양을 확인해서 부족하면 물을 조금씩 추가한다. 완성된 소스는 농도가 걸쭉해야 한다. 주세피나 할머니는 마늘과 고추가 눈에 보이지 않도록 푸드밀로 소스를 가는데, 핸드 믹서로 대신해도 좋다.

18쪽의 설명대로 파스타 반죽을 만든다. 단, 달걀 3개 분량만큼은 물로 대신한다. 세몰리나 가루를 얕은 볼에 담아 준비한다. 이것은 피치가 서로 달라붙지 않도록 겉에 묻혀줄 덧밀가루다. 또 피치 반죽을 밀 때 계속 손에 물을 묻혀야 하므로 반죽판 옆에 작은 물그릇이나 물병도 준비해둔다.

반죽을 약 5mm 두께로 두껍고 넓게 민 다음 폭 1cm, 길이 12cm의 막대 모양으로 썬다. 이것을 하나씩 반죽판 위에 놓고, 두 손을 나란히 붙여 막대 위에 올린다. 손가락을 곧게 편 채 막대를 살살 굴리면 양옆으로 점점 길어지면서 굵은 스파게티 모양이 된다. 이때 굵기는 전체적으로 일정해야 한다. 주세피나 할머니의 피치는 인터넷에서 볼 수 있는 것보다 더 가느다란 편이다. 지름 3mm, 길이 40cm 정도가 되도록 만들어보자.

완성된 피치는 세몰리나 가루에 한 번 굴려 코팅한다. 밀가루 그릇에 피치가 그득하게 채워지면, 쟁반으로 옮긴다.

큰 냄비에 소금물을 팔팔 끓여서 피치를 넣고 2분쯤 삶는다. 다 익었는지 먹어보고, 건져서 소스에 잘 버무린다. 소스가 파스타에 고루 묻어야 하며, 주르르 흘러서 주변에 흥건하게 고이면 좋지 않다. 이 요리는 완성하자마자 바로 먹어야 하며, 치즈를 뿌리지 않는 것이 전통이다.

루차나 할머니의

'가짜 라구' 소스 움브리첼리

4인분

움브리아 주에서 농사를 짓는 루차나 파올루치 할머니는 닭고기부터 채소, 올리브유, 와인까지 모든 먹거리를 자급자족한다. 매력 넘치는 실용주의자인 루차나 할머니는 남편에게 청혼을 받았을 때 반지 대신 올리브나무를 해달라고 요구했다. 할머니의 부엌에서 낭비되는 것은 단 한 가지도 없다. 집에서 키우는 닭들은 그녀의 알뜰함을 돕는 일등공신이다. 파스타 반죽을 마친 뒤 반죽판에 남은 부스러기를 싹싹 긁어모아 닭 모이로 주기 때문이다.

움브리첼리라는 이름은 지렁이를 닮은 모양에서 비롯되었다. 주세피나 할머니(75쪽)의 구두끈처럼 가늘고 매끈한 피치와는 대조적으로 울퉁불퉁하고 굵기가 고르지 못한 것이 움브리첼리의 매력이다. 고기가 들어가지 않기 때문에 '가짜 라구'라는 이름이 붙은 수고 핀토sugo finto 소스는 마늘, 파슬리, 치즈로 맛을 낸 심플한 토마토소스다.

파스타

0밀가루 또는 일반(다목적) 밀가루 400g
따뜻한 물 180~200ml
소금 1자밤

수고 핀토 소스

다진 마늘 2쪽
엑스트라버진 올리브유 3TS
화이트와인 약 175ml
토마토 파사타 500g(루차나 할머니는 직접 만든다)
소금 1자밤
다진 파슬리 수북하게 1TS
페코리노 치즈 또는 파르미자노 레자노 치즈 간 것 50g

루차나 할머니는 이 파스타 반죽은 서늘한 곳에서 만들기를 추천한다. 달걀이 들어가지 않아서 매우 부드럽고 쉽게 마르기 때문이다. 21쪽의 설명대로 반죽을 만든다.

마른행주로 덮어둔 반죽을 한 번에 호두알 크기만큼 잘라서 손바닥으로 밀기 시작한다. 가운데부터 점점 양옆으로 늘여서 밧줄처럼 길게 만든다. 너무 길어서 다루기 어렵다면 길이를 반으로 잘라도 좋다. 하지만 내가 반죽을 얼마나 길게 만들 수 있는지 시험해보는 것도 재미있다. 완성된 움브리첼리는 마른행주로 덮어두고 소스를 준비한다.

올리브유에 마늘을 튀기듯 익힌다. 노릇노릇 색깔이 나기 시작하면 곧바로 와인을 붓고 멀찌감치 떨어져서 알코올이 모두 날아갈 때까지 기다린다. 여기에 토마토 파사타와 소금을 추가해 10분쯤 뭉근하게 끓인다. 다진 파슬리를 넣고 고루 섞는다.

소스가 끓는 동안, 큰 냄비에 물을 팔팔 끓인다. 소금을 넉넉히 넣고 다시 물이 끓어오를 때까지 기다렸다가 움브리첼리를 넣고 잘 저어준다. 약 2분 뒤 파스타가 위로 떠오르면 건진다.

소스에 파스타를 잘 버무린 뒤 치즈 가루를 뿌려 곧장 식탁에 올린다.

움브리첼리는 모양이 다소 불규칙하고 매끈하지 않아도 괜찮다. 하지만 굵기는 대강 엇비슷하게 만들어야 고르게 익힐 수 있다.

라우라 할머니의

발텔리나 피초케리

넉넉한 6~8인분

발텔리나는 이탈리아 북부 산악 지역으로, 골짜기 아래쪽은 올라오는 추위로 푸르스름한 보랏빛을 띠고 언덕 위쪽은 희부연 안개에 휩싸여 신비로운 분위기를 자아낸다(우리가 이곳을 찾은 때는 한겨울이었다). 스위스와 국경을 맞대고 있는 탓에 곳곳에서 젖소 떼와 통나무집들을 볼 수 있다. 피초케리pizzoccheri는 메밀가루로 만든 끈 모양의 파스타로 이 지역 향토 음식이다. 메밀은 재배 기간이 짧고 고지대에서도 잘 자란다. 최근에는 대부분 폴란드에서 생산되며, 다른 지역에서는 자급용으로 소소하게 키우는 편이다.

피초케리는 전통적으로 감자, 사보이 양배추와 함께 삶은 다음 녹인 치즈와 어마어마한 양의 마늘 향 버터를 끼얹어 먹는다. 하루 종일 등산 또는 스키를 즐긴 뒤 바닥난 에너지를 보충하기 위한 음식이라고 할 수 있다. 이 파스타를 홍보하기 위한 단체인 아카데미아 델 피초케로 디 텔리오(텔리오 시 피초케리 협회)는 해마다 피초케리 축제도 연다. 이 단체 소속인 라우라 할머니와 비안카 할머니가 우리에게 피초케리 만드는 법을 직접 보여주었다. 사실 라우라 할머니는 밀라노 출신이지만 친구들을 사귀기 위해 피초케리의 세계에 뛰어들었고, 급기야 텔리오 마을에 정착한 특이한 케이스다. 비안카 할머니는 직접 레스토랑을 운영한 경험이 있다.

두 할머니가 추천하는 치즈는 이 지역에서 생산된 발텔리나 카제라Valtellina Casera DOP지만, 다른 지역에서 이 치즈를 구하기는 매우 힘들다. 대신 폰티나, 그뤼예르, 에멘탈, (또 다른 발텔리나산 치즈인) 비토 같은 치즈를 사용해도 괜찮다. 원조 레시피의 맛과는 조금 달라지겠지만, 포기하지 말자. 다른 치즈를 사용해도 맛은 여전히 좋을 것이다.

파스타

메밀가루 400g
00밀가루 또는 일반(다목적) 밀가루 100g
소금 ½ts
물 250~300ml(밀가루 종류에 따라 물 양이 많이 달라진다)

소스

껍질을 벗겨 사방 3cm로 깍둑 썬 감자 200g
큼직하게 찢은 사보이 양배추 200g
무염 버터 100g(양을 절반으로 줄여도 된다)
슬라이스한 마늘 2쪽
얇고 잘게 저민 발텔리나 카제라 DOP 치즈 250g
파르미자노 레자노 치즈 또는 그라나 파다노 치즈 간 것 100g

먼저 파스타를 만든다. 메밀가루, 밀가루, 소금을 한데 섞은 다음 물을 조금씩 천천히 부으며 반죽한다. 부스러지거나 손바닥에 달라붙지 않으면서 매끈하고 폭신폭신한 느낌이 나도록 반죽해야 한다. 반죽이 끝나면 휴지시킬 필요 없이 곧바로 2~3mm 두께로 넓게 민 다음, 칼로 폭 5mm, 길이 7~8cm로 썰어서 짤막한 탈리아텔레처럼 만든다.

소스를 만들 차례다. 큰 냄비에 소금물을 팔팔 끓인다. 감자를 넣고 2분 익히다가 양배추를 추가해 5분 더 끓인다. 이어 파스타까지 넣고 10분쯤 더 끓인다. 파스타가 다 익었는지 하나 건져서 먹어본다. 넓은 오븐용 그릇이나 접시를 따뜻하게 데워서 준비한다.

프라이팬(스킬릿)에 버터를 녹인 뒤 마늘을 넣고 노릇노릇해질 때까지 익힌다. 삶은 파스타와 채소를 건져서 따뜻하게 데운 그릇에 일부를 담고 치즈를 고루 뿌린다. 이렇게 파스타와 채소를 한 켜 깔고 치즈를 뿌리는 과정을 계속 반복한다. 마지막에는 치즈를 듬뿍 뿌린다. 앞서 만들어둔 마늘 향 버터를 따뜻하게 데워서 파스타 위에 그대로 붓고, 절대 뒤섞지 않는다.

이 상태에서 뜨거운 오븐에 넣어 치즈가 녹으면서 부글부글 끓을 때까지 구워서 마무리해도 좋다.

로자 할머니의

완두콩을 곁들인 '밀짚'과 '건초' 탈리아텔레

6인분

로자 할머니는 발판을 딛고 올라서서 반죽을 해야 할 만큼 아담한 체구의 명랑하고 활기찬 여성이다. 은퇴하기 전에는 지역 의류 공장에서 기계 자수 전문 재봉사로 일했다. 지금도 가끔씩 부엌 한구석에 놓인 자수 기계로 주변 사람들이 부탁하는 일을 해준다.

로자 할머니에게 파스타 만들기는 빨래와 비슷하다. 일하는 과정도 즐겁고 결과물을 보면 더욱 만족스럽다는 점에서 그렇다. 맛있는 파스타를 만드는 비결이 무엇이냐고 묻자 로자 할머니는 어깨를 으쓱하며 난감한 표정을 지었다. "뭐 별것 있나요? 그저 좋은 밀가루를 써서 제대로 반죽하면 되죠." 로자 할머니는 계속해서 힘차게 반죽을 밀며 말했다. "파스타 반죽에 시금치를 넣으면 반죽이 쉽게 찢어져요. 그래서 푸드 프로세서에 시금치를 달걀과 함께 갈아서 액체 상태로 만들어 써야 해요." 이렇게 하면 반죽의 색이 보다 균일해진다.

이 요리는 에밀리아로마냐 주에서 인기가 많으며 가을에는 완두콩 대신 버섯을 넣는다.

'밀짚' 파스타

00밀가루 또는 일반(다목적) 밀가루 300g
달걀 3개

'건초' 파스타

00밀가루 또는 일반(다목적) 밀가루 300g
달걀 2개
생시금치 100g

완두콩 드레싱

엑스트라버진 올리브유 3TS
깍둑 썬 비훈연 판체타 50g
얇게 슬라이스한 양파 1개
완두콩(냉동 또는 생것) 200g
토마토 파사타 250g
소금

고명

파르미자노 레자노 치즈 간 것

18쪽의 설명대로 두 가지 파스타 반죽(밀짚과 건초)을 만든다. 시금치 반죽은 로자 할머니 팁대로 시금치를 달걀과 함께 갈아서 밀가루와 섞은 뒤 평소처럼 반죽하면 된다. 두 가지 파스타 반죽을 약 2mm 두께의 커다란 원반 모양으로 민다. 이것을 휴지시키는 동안 완두콩 드레싱을 만든다.

소테팬에 올리브유를 데운 뒤 판체타*를 넣고 지방이 녹아 나올 때까지 튀기듯 볶는다. 여기에 슬라이스한 양파를 넣고 7분쯤 푹 무르게 볶는다. 뒤이어 완두콩과 토마토 파사타를 섞고 가볍게 소금 간을 한다. 물 한 컵을 붓고 걸쭉해질 때까지 졸인다. 소스에 숟가락을 밀어넣었을 때 팬 바닥이 잠깐 보였다가 사라지면 다 된 것이다.

노란 파스타 반죽을 카펫처럼 둘둘 말아 약 7mm 폭으로 썬 다음 잘 털어서 접힌 것을 풀어준다. 녹색 시금치 반죽도 똑같이 썰어서 준비한다. 로자 할머니는 사진에서처럼 두 가지 반죽을 함께 말아서 썰지만, 각각 따로 하는 것이 훨씬 쉽다. 두 가지 파스타를 손으로 잘 풀어가며 섞는다.

큰 냄비에 소금물을 팔팔 끓여 파스타를 넣는다. 물이 다시 끓어오르는 시점부터 2분쯤 더 삶은 뒤 파스타가 익었는지 확인한다. 파스타 삶은 물은 소스의 농도를 조절할 때 쓸 수 있으므로 두 국자쯤 남기고, 파스타만 건져서 소스와 잘 비빈다. 두 가지 파스타에 고르게 소스를 묻히는 게 중요하다. 파르미자노 레자노 치즈 가루를 듬뿍 뿌려서 식탁에 올린다.

로자 할머니는 두 가지 반죽을 함께 말아서 썰지만,
각각 따로 하는 것이 훨씬 쉽다.

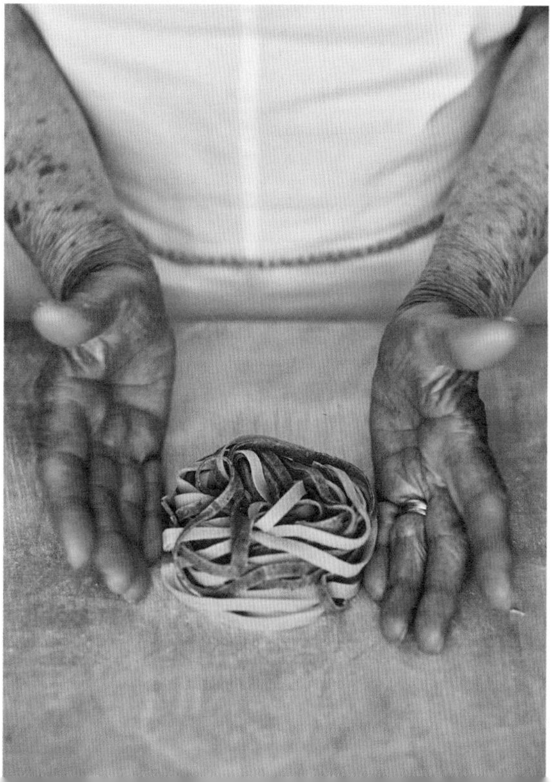

피나 할머니의

샬롯 소스에 버무린 쿠르출

4인분

쿠르출curzul은 이탈리아 북부 에밀리아로마냐 주의 파엔차 지역에서 즐겨 먹는 네모난 스파게티다. 쿠르출이란 이름은 '신발끈' 또는 '사제의 허리띠'라는 뜻의 그 지역 방언에서 온 것이다. 이 파스타는 파엔차에서 재배되는 스칼로뇨scalogno라는 품종의 샬롯과 잘 어울린다. 하지만 어떤 샬롯이든 주변에서 쉽게 구할 수 있는 것으로 대체할 수 있다.

피나 할머니는 주변이 온통 키위 밭인 외딴 시골에 살며, 아홉 살 때부터 파스타를 만들기 시작했다. 유난히 수줍음이 많은 분이라 내가 그녀에 대해 알아낸 것은 이게 전부다. 이 레시피에서 주목할 점은 소시지를 아주 조금만 넣는다는 것이다. 이 소스의 주인공은 샬롯이고, 소시지는 풍미를 더하기 위한 양념일 뿐이다.

파스타

00밀가루 또는 일반(다목적) 밀가루 400g
달걀 4개

샬롯 소스

엑스트라버진 올리브유 3TS
적당히 큰 샬롯 6개(굵게 다진 것으로 약 500g)
이탈리아 생소시지 2개
페페론치노 1자밤
화이트와인 125ml
토마토 파사타 300g
소금, 후추

18쪽의 설명대로 반죽을 해서 파이 시트와 비슷한 2~3mm 두께로 넓게 민다. 탈리아텔레처럼 속이 다 비칠 만큼 얇을 필요는 없다. 표면에 덧밀가루를 고루 묻혀서 카펫처럼 둘둘 만다. 잘 갈린 칼로 반죽을 약 3mm 폭으로 가늘게 썬다. 훌훌 털어서 접힌 부분들을 풀어준 뒤 넓게 펼쳐서 살짝 말린다.

그동안 소스를 만든다. 프라이팬(스킬릿)에 올리브유를 넣고 중불로 데운다. 여기에 굵게 다진 샬롯을 넣고 몇 분 동안 푹 무르게 볶는다. 껍질을 벗겨 잘게 부순 소시지 고기를 넣고 살짝 갈색이 날 때까지 샬롯과 함께 충분히 볶는다. 페페론치노를 뿌리고, 와인을 부어 팬에 눌어붙은 육즙을 녹인다. 알코올이 거의 날아갔을 때쯤 토마토 파사타를 넣고 불을 약하게 줄인 뒤 20분쯤 뭉근하게 졸여서 걸쭉한 소스를 완성한다. 중간에 간을 한번 확인한다. 보통 이탈리아 소시지가 짭짤한 편이라 소금을 더 넣지 않아도 될 것이다.

큰 냄비에 소금물을 팔팔 끓인 뒤 소금을 넉넉히 넣는다. 물이 다시 끓어오르면 파스타를 넣고 약 2분 뒤에 익었는지 확인한다. 파스타를 건져서 소스와 잘 섞은 뒤 곧바로 먹는다.

파엔차에서는 보통 이 요리에 파르미자노 레자노 치즈를 뿌려 먹지 않는다. 샬롯 고유의 맛을 좋아하기 때문이다. 하지만 치즈를 뿌린다고 해도 비난할 사람은 아무도 없다.

마리카의

포르치니 버섯을 곁들인 스트라포니

4인분

토스카나 주의 가르파냐나는 근방의 다른 유명한 지역들과는 다르게 가파른 숲으로 둘러싸인 시골이다. 버섯을 따는 사람들에게는 천국과 같고, 이탈리아어로 네피텔라nepitella라고 부르는 민트(학명: 칼라민타 네페타)가 야생하는 곳이기도 하다. 숲에서 얻을 수 있는 재료를 이용한 이번 요리는 초심자들도 쉽게 따라할 수 있는 훌륭한 파스타다. 스트라포니strapponi는 손으로 대충 죽죽 찢어 만드는 파스타인데, 이렇게 너덜너덜한 조각을 이탈리아어로 스트라체티straccetti라고 한다.

우리에게 이 요리의 조리 과정을 보여준 사람은 마리카다. 그녀는 우리가 이 지역 촬영을 위해 머물던 카스텔누오보라는 작은 마을의 한 아그리투리스모*에서 일하는 요리사였다. 할머니라고 부르기엔 젊은 나이지만, 레시피가 너무 좋아서 꼭 소개하고 싶었다. 말린 포르치니 버섯 말고는 구하기가 어렵다면, 여러 종류의 신선한 버섯들을 골고루 사용해도 된다. 꾀꼬리버섯을 비롯한 각종 야생 버섯을 써도 좋다.

파스타
00밀가루 또는 일반(다목적) 밀가루 400g
달걀 4개

드레싱
엑스트라버진 올리브유 4TS
마늘 2쪽
다진 생민트 3TS(네피텔라 추천)
생포르치니 버섯 500g(대체 재료는 위를 참조)
소금

18쪽의 설명대로 파스타 반죽을 만들어 30분 동안 휴지시킨다. 반죽을 파이 시트와 비슷한 2~3mm 두께로 민다. 탈리아텔레처럼 속이 다 비칠 만큼 얇을 필요는 없다. 다 민 반죽은 밀대에 둘둘 말린 상태로 둔 채 소스를 준비한다.

넓은 소테팬에 올리브유를 두르고 뜨겁게 달군다. 마늘과 민트를 넣고 2분쯤 튀기듯 볶다가 적당한 크기로 썬 버섯을 넣어 볶는다. 버섯이 어느 정도 숨이 죽으면 소금 간을 하고, 물 100ml를 부어 잠시 그대로 둔다. 수분이 거의 날아가면 다시 버섯을 연한 갈색이 돌 때까지 볶고, 마지막에 마늘을 빼낸다.

큰 냄비에 물을 팔팔 끓여 소금을 넣고 다시 끓어오를 때까지 기다린다. 마리카는 파스타를 감아둔 밀대를 끓는 물 가까이에 대고(뜨거운 김에 데지 않게 조심하자!) 그 상태에서 바로 파스타를 죽죽 찢어 물에 빠뜨린다. 하지만 기다란 밀대를 들고 왔다 갔다 하는 게 번잡스럽다면, 파스타를 미리 신용카드만 한 크기로 찢어 뒀다가 한꺼번에 끓는 물에 넣어도 된다. 익히는 시간은 파스타 두께에 따라 2~3분 정도면 충분하다.

파스타를 건져서 볶은 버섯과 합친다. 맛이 고루 배도록 충분히 뒤적거려 섞어주면 완성이다. 가르파냐나 사람들은 치즈를 따로 뿌리지 않고 포르치니 버섯 본연의 맛을 즐긴다.

3

콩

이탈리아의 각 지방에는 다양한 콩을 넣은 파스타
레시피가 적어도 한 가지 이상 있다.
콩이 들어간 파스타는 만드는 사람의 마음처럼
정겹고 친숙한 일상 음식이다.

아다 할머니의
탈리올리 콩 수프

6인분

아다 할머니의 레시피는 사실 파스타라기보다 수프에 가깝다. 보통 이탈리아에서 먹는 탈리올리니는 기다란 리본처럼 생겼지만, 이 요리에서는 훨씬 짧다. 이처럼 서로 다른 모양의 파스타에 똑같은 이름이 붙은 경우는 이탈리아에서 종종 찾아볼 수 있다. 수고 핀토sugo finto는 '고기가 들어가지 않은 가짜 소스'라는 뜻이지만, 아다 할머니의 소스는 마늘과 함께 볶은 판체타*에서 나온 기름을 콩과 함께 넣기 때문에 완전한 수고 핀토라고는 할 수 없다.

볶은 판체타는 할머니의 남편인 오르타비오 할아버지의 세콘도(육류나 생선 요리로 구성된 메인 코스)가 된다. 아다 할머니의 또 다른 비법 재료는 로즈메리 가루다. 로즈메리를 햇볕에 바싹 말린 뒤 잎만 떼어서 블렌더에 갈면 된다.

파스타

00밀가루 또는 일반(다목적) 밀가루 300g
달걀 1개
물 90m

수고 핀토

말린 보를로티borlotti 콩(크랜베리 콩) 150g 또는 삶은 완두콩 300g
엑스트라버진 올리브유 2TS
곱게 다진 양파 1개
작은 크기로 깍둑 썬 당근 1개
토마토 파사타 400g
월계수 잎 3장
로즈메리 잎 가루 1TS(위의 설명 참조)
두툼한 비훈연 판체타 2조각(선택)
마늘 1쪽(선택)
소금

고명

파르미자노 레자노 치즈 간 것(선택)

말린 보를로티 콩은 큰 볼에 담아 콩 위로 5cm 넘게 올라올 만큼 충분히 물을 붓고, 소금 1ts을 섞어서 하룻밤이나 적어도 8시간 이상 불린다. 불린 콩은 건져서 냄비에 담은 뒤 물을 새로 부어 중약불로 푹 무르게 익힌다. 시간은 콩의 신선도에 따라 다르지만, 대개 45~60분이면 적당하다. 삶은 콩은 건져서 한쪽에 둔다.

반죽판에 밀가루를 수북하게 쏟는다. 가운데를 손으로 살살 휘저어 우묵하게 판 다음, 달걀 푼 것을 붓는다. 포크로 밀가루를 달걀에 천천히 섞고, 이어 물을 절반만 붓는다. 손으로 치대며 반죽을 시작한다. 반죽이 너무 되직하다 싶으면 물을 좀 더 추가한다. 10분쯤 충분히 치대면 손바닥에 달라붙지 않고 한 덩어리로 단단하게 뭉친 파스타 반죽이 완성될 것이다. 반죽을 마른행주로 덮거나 뚜껑이 있는 그릇에 담아 30분 동안 휴지시킨다.

반죽판에 덧밀가루를 충분히 뿌리고 반죽을 약 2mm 두께로 넓게 민 다음, 폭 5mm, 길이 약 10cm의 짧은 끈 모양으로 썬다. 정확히 이 크기일 필요는 없지만, 일정한 크기로 잘라야 고루 익힐 수 있다. 이 과정을 단시간에 마칠 수 있는 아다 할머니만의 비법이 있다. 반죽을 밀대에 감은 상태에서 칼로 밀대를 따라 죽죽 자르면 넓은 끈 모양으로 쉽게 자를 수 있다. 이때 끈 길이가 너무 길면 다시 반으로 자른다. 자른 끈들을 차곡차곡 포개서 5mm 폭으로 착착 썰면 짧은 끈 모양의 파스타가 된다.

파스타를 휴지시키는 동안 수고 핀토 소스를 만든다. 소테팬에 올리브유를 두르고 중간불에서 뜨겁게 달군 뒤 양파와 당근을 넣고 볶는다. 푹 무르되 색깔이 변하지 않게 볶아야 한다. 이어 토마토 파사타, 월계수 잎, 로즈메리, 콩을 넣고 소금 간을 한 뒤 고루 휘저어 섞는다. 불을 약하게 줄이고 10분쯤 뭉근하게 끓인다.

판체타를 넣을 경우, 작은 프라이팬에 판체타와 통마늘을 넣고 중간불에 지진다. 판체타에서 기름이 충분히 녹아나와 바삭바삭하게 구워지면 마늘을 건져내고, 기름을 삶은 콩에 붓는다. 구운 판체타는 한쪽에 두었다가 완성된 요리 위에 뿌려도 좋다.

큰 냄비에 소금물을 팔팔 끓여 파스타를 넣는다. 2분 뒤 파스타가 익었는지 확인하고, 냄비 안의 삶은 물을 ½~⅔쯤 따라 버린다(물의 양은 원하는 수프의 농도에 따라 조절한다). 앞서 만든 콩 소스를 붓고 파스타에 맛이 잘 배도록 고루 섞는다. 취향에 따라 치즈 가루를 뿌려 먹는다.

체자리나 할머니의

피아첸차식 파스타와 콩

6인분

피자레이pisarei는 이탈리아 북부식 카바텔리cavatelli(92쪽 참조)로, 모양은 똑같지만 반죽이 완전히 다르다. 이 파스타는 에밀리아로마냐 주에 있는 도시 피아첸차와 그 주변 지역의 향토 음식이다.

체자리나 할머니는 열정 넘치는 목소리로 우리에게 자신의 레시피를 소개해 주었다. "나는 부온구스타이아buongustaia(미식가)랍니다! 파스타 만드는 법은 열일곱 살에 시집오면서 처음 배웠죠." 젊은 시절에 남의 집 가정부로 일하면서 갈고닦은 솜씨가 무척 훌륭하지만, 남편이 음식에 별 관심이 없는 사람이라 오직 자신만을 위해 요리할 때가 많다고 한다. "정말 맛있는 피자레이 에 파조pisarei e fasò(콩 파스타)의 비법은 스톡으로 반죽을 하는 거예요. 물이나 우유를 넣는 레시피들도 있지만, 진한 스톡을 쓰면 풍미가 훨씬 뛰어나죠. 두번째 비법은 피사레이를 최대한 작게 만드는 거예요."

파스타

00밀가루 또는 일반(다목적) 밀가루 400g
고운 빵가루 100g
따뜻한 스톡 약 200ml(203쪽 참조)

파조 소스

말린 보를로티 콩 175g
라르도* 또는 지방이 많은 판체타* 75g
잎을 떼어낸 로즈메리 2줄기
다진 양파 1개
너트메그 가루 1자밤
정향 가루 1자밤
후추 1자밤
월계수 잎 1장
다진 파슬리 한 줌
토마토 파사타 300g
소금

고명

파르미자노 레자노 치즈 간 것

큰 볼에 콩을 담고 물을 콩이 완전히 잠길 만큼 넉넉히 붓는다. 소금을 약간 넣고 하룻밤 또는 최소 8시간 이상 불린다.

불린 콩을 건져서 냄비에 담고 찬물을 콩에서 10cm 높이까지 올라오게 붓는다. 콩이 푹 무르도록 45~60분 동안 뭉근하게 삶는다. 중간에 물이 부족하면 좀 더 추가한다. 익힌 콩의 무게는 350g쯤 될 것이다. 삶은 콩을 건져서 한쪽에 둔다.

이제 파스타를 만든다. 먼저 밀가루와 빵가루를 합쳐서 반죽판에 수북하게 쏟는다. 한가운데를 손으로 살살 휘저어 우묵하게 판 다음, 스톡을 조금씩 부어 가루에 흡수시키며 반죽을 시작한다. 두 손으로 계속 치대 부드럽고 매끈한 느낌의 반죽을 완성한다. 마른행주로 덮어놓거나 뚜껑이 있는 그릇에 담아 30분 동안 휴지시킨다.

반죽을 한 줌 떼어서 손바닥으로 살살 굴려 약 1cm 지름의 가느다란 밧줄 모양으로 늘인다. 이것을 끝에서부터 완두콩만큼 떼어 반죽판에 대고 엄지손가락 끝으로 굴리면서 꾹 눌러 작은 조가비 모양으로 만든다. 준비한 반죽을 다 쓸 때까지 이 과정을 반복한다. 성형을 마친 파스타는 수분이 마르지 않도록 마른행주로 덮어두고 소스를 준비한다.

날카로운 칼로 라르도나 판체타를 로즈메리와 함께 곱게 다진다(이렇게 다진 것을 피스타 아드 그라스pistà 'd grass라고 한다). 이것을 넓은 소테팬에 넣고 중간불로 볶아 지방을 녹인 다음, 양파를 넣고 푹 무르게 볶는다. 여기에 삶은 콩을 포함한 나머지 재료를 모두 넣고 15분쯤 뭉근하게 끓여서 모든 재료의 맛이 잘 어우러지게 한다.

큰 냄비에 소금물을 팔팔 끓여 파스타를 넣는다. 다 익으면 피자레이가 위로 떠오른다. 슬로티드 스푼이나 체로 건져서 준비된 소스와 섞는다. 치즈 가루를 넣고 잘 섞어 곧바로 식탁에 올린다.

카르멜라 할머니의

레체산 콩을 넣은 카바텔리 리가티

4~6인분

이탈리아 남쪽 끝 도시 레체에 있는 외곽순환도로 주변에는 카르멜라 할머니 가족이 꾸려가는 작은 농장이 있다. 이곳은 어린이들이 상상할 수 있는 전형적인 농장의 모습을 띠고 있다. 개, 말, 소, 비둘기들이 사이좋게 어울려 지내고, 싱싱한 채소가 가득한 텃밭 주변에는 제비들이 날아다닌다. "가족이 다 함께 살던 어린 시절에는 야외에서 식사를 해야 했어요. 식구 수가 거의 예순 명에 가까웠거든요. 그때는 저마다 한 가지씩 음식을 준비해왔어요. 가족 규모가 줄어든 요즘은 일요일마다 딱 열두 사람이 먹을 식사만 준비하면 돼요. 이 요리는 많은 인원을 배불리 먹여야 할 때 좋아요." 카르멜라 할머니의 설명이다.

더 진하고 풍부한 맛을 내고 싶다면, 마지막에 스페크* 대신 기름을 뺀 캔 벤트레스카 참치를 콩과 파스타에 가볍게 섞어준다. "아이들을 위한 특별한 별미죠. 우리 같은 대가족에게 고기는 너무 비싼 재료예요." 카르멜라 할머니처럼 직접 키운 칸넬리니cannellini(흰강낭콩)를 사용하기는 힘들 테지만, 통조림 대신 말린 콩을 직접 조리해서 넣으면 확실히 맛의 차이가 있다.

파스타

세몰리나 가루 400g
따뜻한 물 180~200ml

콩

말린 흰강낭콩
4등분한 양파 1개
잘게 썬 완숙 토마토 2개
파슬리 한 줌(잎과 줄기를 대충 썬 것)
소금

소스

엑스트라버진 올리브유 2TS
슬라이스한 양파 1개
두툼한 스페크 또는 훈제 판체타* 2조각(큼직하게 썬 것)
엑스트라버진 올리브유 약간(위에 뿌리는 용도)

큰 볼에 콩을 담고 물을 콩 위로 5cm 이상 올라올 만큼 넉넉히 부은 다음 소금 1ts을 넣어 8시간 또는 하룻밤 동안 불린다.

그동안 21쪽의 설명대로 파스타 반죽을 만들어서 휴지시킨다.

불린 콩을 건져서 소스팬에 담고 4등분한 양파와 토마토, 파슬리를 넣는다. 찬물을 콩 위로 10cm쯤 올라올 정도로 넉넉히 부어 콩이 푹 무르도록 뭉근하게 끓인다(중간에 물이 부족하면 좀 더 추가한다). 끓이는 시간은 콩의 상태에 따라 다르지만, 대략 45~60분이면 충분하다. 익힌 콩의 무게는 400g쯤 될 것이다.

콩을 조리하는 동안, 카바텔리 리가티cavatelli rigati*를 만든다. 먼저 반죽을 한 줌만 떼어내고 나머지는 마른행주로 덮어 둔다. 떼어낸 반죽을 손바닥으로 살살 밀어 밧줄처럼 길게 늘인다. 굵기는 나무 스푼 손잡이 정도면 된다. 이것을 작은 베개 모양으로 뚝뚝 썬 다음, 카바텔리 보드나 포크 뒤쪽에 한 조각씩 대고 검지로 살짝 누르면서 굴리면 익힌 콩과 비슷한 크기의 살짝 말린 카바텔리 리가티가 나온다. 완성된 파스타는 쟁반이나 반죽판에 넓게 펼쳐 놓는다. 준비된 반죽을 모두 카바텔리 리가티로 만든다.

넓은 프라이팬(스킬릿)에 올리브유를 넣고 뜨겁게 달군 뒤 양파와 판체타를 약 7분 동안 푹 무르게 볶는다. 삶은 콩을 슬로티드 스푼이나 체로 건져서 양파와 섞는다.

큰 냄비에 소금물을 팔팔 끓여 카바텔리를 삶는다. 카바텔리가 둥둥 떠오르면 다 익었다는 신호지만, 2분쯤 삶은 뒤 먹어보는 것이 가장 정확하다.

파스타를 건져서 콩 소스에 넣는다(소스에 수분이 부족할 경우, 콩 삶은 물로 보충한다). 파스타에 맛이 고루 배도록 잘 섞은 뒤 올리브유를 뿌려 먹는다.

작은 베개 모양으로 카바텔리 반죽을 뚝뚝 썰고,
보드나 포크로 모양을 낸다.

안나 할머니의

콩 크레슈타이엣

6인분

안나 할머니는 물레방앗간을 개조한 집에 살면서 비앤비를 운영한다. 옛날에는 실크를 만드는 사람들이 직물을 세탁하러 이곳을 자주 찾았다고 한다. 우리가 방문했을 때는 집 주변에 등나무 꽃이 주렁주렁 늘어져 있고, 뒤뜰에서는 조약돌 위로 떨어지는 물소리와, 해방기념일을 맞아 뱃놀이를 즐기는 사람들의 들뜬 목소리가 들려왔다. 안나 할머니는 페자로 에 우르비노의 맛있는 향토 음식을 투숙객들에게 알리는 데 열심이다. 크레슈타이엣cresc'tajat은 소박한 음식의 좋은 예로, 옛날에는 먹고 남은 폴렌타(옥수숫가루 죽)로 만들어서 산나물이나 콩 스튜에 섞어 먹었다. 안나 할머니가 우리에게 소개한 것도 옛 방식 그대로 만든 크레슈타이엣이다.

라르도는 돼지비계를 염지한 것이다. 라르도를 구하기 힘들다면, 대신 판체타를 쓰거나 훈제하지 않은 삼겹살 베이컨을 다져서 넣어도 된다.

파스타

인스턴트 폴렌타 가루 200g
00밀가루 또는 일반(다목적) 밀가루 100g

콩

말린 보를로티 콩 250g
당근 1개
셀러리 1줄기
라르도* 또는 지방이 많은 판체타 50g
엑스트라 올리브유 4TS
슬라이스한 양파 1개
다진 마늘 1쪽
고기 함량이 많은 고급 생소시지 1개(안쪽의 고기만 손으로 잘게 부수고, 껍질은 남겨둔 것)
토마토 파사타 200g
소금

고명

페코리노 치즈 간 것 50g
엑스트라버진 올리브유

이 요리는 먹기 하루 전날부터 준비한다. 폴렌타를 포장에 적힌 설명대로 조리한다. 폴렌타는 식으면서 점점 굳는다. 파스타로 만들 때는 차갑고 단단하지만 포크로 부술 수 있을 정도여야 한다. 가루를 죽으로 끓인 무게는 300g 정도 될 것이다.

큰 볼에 콩을 담고 물을 콩 위로 5cm 이상 올라올 만큼 넉넉히 부어 8시간 또는 하룻밤 동안 불린다. 불린 콩을 건져서 냄비에 담고 국물에 향미를 더해줄 당근과 셀러리도 넣는다. 물을 넉넉히 붓고 콩이 푹 무르도록 끓인다. 시간은 콩의 신선도에 따라 다르지만 보통 45~60분이면 충분하다. 다 익은 콩은 국물 맛이 배도록 그대로 둔 채 파스타를 준비한다.

폴렌타를 부순 뒤 밀가루와 함께 충분히 치대어 날밀가루가 전혀 보이지 않는 매끈한 반죽을 만든다. 반죽을 3덩이로 나누어 햄버거 패티처럼 도톰하게 모양을 잡는다. 반죽에 덧밀가루를 고루 묻힌 뒤 파이 시트와 비슷한 2~3mm 두께로 민다. 이것을 약 4cm 폭의 넓은 띠 모양으로 썬 다음, 다시 작은 마름모꼴로 썬다.

안나 할머니는 파스타가 서로 달라붙는 것을 막기 위해 쟁반에 넓게 펼쳐 담아 삶기 전에는 냉동실에 넣어둔다.

라르도나 판체타를 묵직하고 예리한 칼로 다진다. 중간불에서 올리브유와 함께 볶다가 양파를 넣고 7분 동안 잘 저어가며 익힌다. 마늘을 추가해 1분쯤 더 볶는다. 여기에 소시지 고기를 넣고 노릇노릇 갈색이 될 때까지 5분쯤 볶다가 토마토 파사타를 붓고, 콩 삶은 국물도 두 국자 넣는다. 가볍게 소금 간을 하고 모든 재료의 맛이 잘 어우러지도록 15분 동안 뭉근하게 끓인다. 이때 소시지 껍질을 함께 넣어주면 맛이 더 풍부해진다.

콩을 건져서 토마토소스와 섞고 전체적으로 따뜻하게 데운다.

큰 냄비에 물을 팔팔 끓여 소금을 넣고 다시 끓어오를 때까지 기다린다. 냉동실에서 파스타를 꺼내 곧장 끓는 물에 넣는다. 파스타가 둥둥 떠오르면 다 익은 것이다. 체나 슬로티드 스푼으로 건진 파스타를 콩 스튜에 넣고 고루 섞어 곧바로 식탁에 올린다. 서빙 접시에 덜어 각자 취향껏 치즈 가루와 올리브유를 뿌려 먹는다.

에우제니아 할머니의

프레굴라 콩 수프

4인분

에우제니아 할머니는 사르데냐 섬 북서쪽의 작은 마을 몬트레스타에 산다. 산을 바라보고 있는 그녀의 집으로 향하는 길목에는 온갖 들꽃과 야생초가 자란다. 우리는 한쪽 테라스 옆에 마련된 할머니의 제2의 부엌을 뒤늦게 발견했다. 얼핏 헛간처럼 보이는 그 부엌에는 사르데냐에서만 볼 수 있는 특별한 파스타 반죽기와 냉동고, 갖가지 병조림 장비들이 있었다. 한마디로 요리에 진심인 사람들이 꿈꾸는 비밀의 동굴이었다.

프레굴라fregula는 사르데냐식 프레골라fregola다. 작은 구슬 모양의 파스타를 가리키는 프레골라는 구워서 먹기도 한다. 에우제니아 할머니는 프레굴라가 콩과 채소에 씹는 맛과 재미를 더해주는 역할을 한다고 말한다. 요즘 사람들은 대부분 프레굴라를 사서 쓰지만, 에우제니아 할머니는 1시간 안에 마법처럼 뚝딱 만들어낸다. 만드는 과정은 쿠스쿠스를 만들 때와 똑같지만, 더 거칠게 간 모래알 같은 질감의 세몰리나 가루를 사용한다.

에우제니아 할머니는 그 밖에도 여러 식재료를 직접 만들어 쓰는데, 그중 하나는 어마어마하게 맛이 진한 선드라이드 토마토다. 플럼토마토를 반으로 갈라 굵은 소금을 살짝 뿌린 뒤 크고 평평한 왕골 채반에 담아 햇볕에 말린다. 그다음 바질 잎으로 덮어서 필요할 때까지 냉동시킨다. 에우제니아 할머니표 선드라이드 토마토는 달콤하고 지나치게 짜지 않아서 모든 요리의 맛을 확 살려준다.

파스타

소금 1ts
미지근한 물 250ml
거칠게 빻은 세몰리나 가루 300g

수프

말린 병아리콩 250g
슬라이스한 양파 1개
대충 썬 야생 펜넬 잎 한 줌
잘게 썬 선드라이드 토마토 4개
엑스트라버진 올리브유 약간

큰 볼에 병아리콩을 담고 물을 콩 위로 5cm 이상 올라오도록 넉넉히 부어 8시간 또는 하룻밤 동안 불린 다음 콩만 건져놓는다.

파스타를 만든다. 먼저 작은 볼에 소금을 넣고 물을 부어 녹인다. 커다란 믹싱볼(에우제니아 할머니는 약 40cm 지름의 납작한 토기 그릇을 사용한다)에 소금물을 약간 붓고 세몰리나 가루를 2TS 넣는다.

손끝으로 세몰리나 가루를 휘휘 저어 물과 섞으면 작은 구슬 모양의 반죽이 생겨나기 시작할 것이다. 다시 소금물과 밀가루를 약간 추가하고 똑같이 휘휘 저어 반죽하는 과정을 계속 반복한다. 절대 한꺼번에 많은 양을 넣어서는 안 된다. 처음에는 구슬의 크기가 제각각일 텐데, 병아리콩과 비슷하게 만드는 게 가장 좋다. 어느 정도 원하는 모양이 나오면 쟁반에 넓게 펼쳐서 말린다. 준비한 세몰리나 가루를 다 쓸 때까지 이 과정을 반복한다. 쟁반을 들고 까불러서 큰 프레굴라와 작은 프레굴라로 나눈다. 보통 큰 것들이 위로 올라온다.

큰 소스팬에 병아리콩, 양파, 펜넬 잎, 선드라이드 토마토를 넣고 물을 재료 위로 10cm쯤 올라오도록 넉넉히 붓고 약 1시간 동안 푹 끓여서 콩을 익힌다. 콩이 다 익으면 준비된 프레굴라를 넣고(이때 너무 작은 프레굴라는 따로 빼두었다가 다음번 프레굴라를 반죽할 때 활용한다), 2분쯤 더 끓여서 완성한다. 국자로 떠서 서빙 접시에 담고, 엑스트라버진 올리브유를 뿌려 식탁에 올린다. 맛은 정말 최고다.

마리아 할머니와
로자리아 할머니의

병아리콩 파스타 수프

4~6인분

치체리 에 트리아ciceri e tria는 장화처럼 생긴 이탈리아 반도의 뒷굽 부분에 자리한 풀리아 주 살렌토 지역의 향토 음식이다. 이 요리는 탈리아텔레와 병아리콩으로 만든 수프로, 바삭하게 튀긴 탈리아텔레 고명을 먹기 직전에 뿌려서 식감을 살린다. 현지에서는 이 요리를 '마사massa'라고 부르는데 걸쭉한 수프라는 뜻이다. 마사는 원래 부활절을 앞둔 성 요셉의 날(3월 19일)에 가난한 사람들에게 나누어주는 사순절 음식으로, 그 기원은 아랍인이 풀리아를 지배했던 9세기로 거슬러 올라간다.

마리아 할머니와 로자리아 할머니는 아흔네 살 동갑내기 친구로 매일 저녁 토레파둘리 마을에서 열리는 기도 모임에 함께 나간다. 마리아 할머니는 음식을 만들 때 약간의 도움이 필요하다. 그래서 마을 농업박물관인 무제오 델라 시빌타 콘타디나에서 촬영하던 날 로자리아 할머니가 함께했다.

로자리아 할머니는 개방형 화덕에서 암포라(양쪽에 손잡이가 달린 고대 그리스의 항아리)처럼 생긴 이탈리아식 토기 항아리인 피냐타pignata를 이용해 병아리콩을 조리했다. 불린 병아리콩을 물을 피냐타에 담아 화덕의 뜨거운 불씨 사이에 직접 놓았다. 물이 끓기 시작하자 거품을 걷어내고 슬라이스한 양파를 넣은 다음 1~2시간 동안 뭉근하게 끓여냈다. 그렇게 익힌 병아리콩은 크림처럼 부드러웠다. 화덕이나 조리용 토기 항아리가 없다면, 아래의 설명대로 조리하면 된다.

파스타
세몰리나 가루 400g
물 180~200ml

마사
말린 병아리콩 200g
소금 1ts
슬라이스한 양파 2개
튀김용 식물성 기름
소금

큰 볼에 병아리콩을 담고 콩 위로 5cm 이상 올라올 만큼 넉넉히 물을 부은 다음 소금 1ts을 넣어 8시간 또는 하룻밤 동안 불린다.

콩을 건져서 소스팬에 담고 찬물을 넉넉히 부어 불에 올린다. 팔팔 끓어오르면 거품을 걷어낸 뒤 슬라이스한 양파 1개를 넣고 콩이 부드럽게 익을 때까지 계속 끓인다. 콩이 익는 데 걸리는 시간은 보통 1시간쯤이지만 콩의 상태에 따라 다르므로 중간에 계속 확인하는 것이 좋다.

콩을 삶는 동안, 21쪽의 설명에 따라 파스타 반죽을 만든다. 휴지까지 마친 반죽을 약 2mm 두께로 넓게 민 다음, 카펫처럼 둘둘 말아서 1cm 폭의 끈 모양으로 착착 썬다. 접힌 끈을 훌훌 털어 풀어주고, 서로 달라붙지 않도록 덧밀가루를 충분히 뿌린 뒤 넓게 펼쳐놓는다.

요리를 식탁에 올리기 10분 전, 파스타를 튀긴다. 넓고 우묵한 프라이팬에 식물성 기름을 5mm 깊이로 넉넉히 붓고, 준비된 파스타의 4분의 1만 덜어서 튀긴다. 프라이팬의 크기가 작다면, 조금씩 나누어 튀겨야 한다. 기름이 보글보글 끓으면서 연기는 나지 않을 만큼 뜨거워지면, 파스타를 넣고 바삭하고 노릇노릇해질 때까지 튀긴다. 슬로티드 스푼이나 체로 건져서 키친타월을 깔아둔 접시에 담는다.

파스타를 다 튀기고 나면, 남은 기름에 양파 1개를 마저 넣고 부드러워질 때까지 볶는다. 여기에 삶은 콩과 함께 국물까지 붓는다. 이때 국물 양을 잘 조절해야 한다. 파스타를 익히려면 수분이 충분한 것이 좋지만, 자칫 나중에 수프 맛이 너무 연해질 수 있다. 소금 간을 하고 모든 재료의 맛이 잘 어우러지도록 뭉근하게 더 끓인다. 마지막으로 익히지 않은 파스타를 넣고 몇 분만 더 끓인다(파스타는 금세 익으므로 맛을 봐서 확인한다).

완성된 마사를 국자로 퍼서 서빙 접시에 담고, 튀긴 파스타를 고명으로 뿌린 뒤 곧바로 먹는다.

레티치아 할머니의

말린 누에콩 퓌레 탈리아텔레

6인분

레티치아 할머니는 레시피에 대해 설명해줬던 내용을 한 가지도 잊지 않도록 다시 글로 써주었다. 백 살이 넘은 고령이라 걸을 때는 보행 보조기가 필요하지만, 정신은 매우 또렷하다. 무병장수의 비결이 무엇이냐고 묻자 할머니는 늘 바쁘게 살고, 힘든 일이 생길 때마다 자기 내면의 힘을 끌어내야 한다고 말했다. 그 순간 할머니는 얼마 전 세상을 떠난 딸을 생각하고 있는 듯했다.

자신의 믿음을 그대로 실천하는 레티치아 할머니는 지금도 시를 쓰고 그림을 그린다. 평생 초등학교 교사로 일했고, 1968년 시칠리아 대지진 때 원래 살던 집이 파괴되어 지금까지 가족 별장에서 살고 있다. (이탈리아에는 도시에 있는 자신의 집에서 그리 멀지 않은 시골에 세컨드 하우스를 가지고 있는 사람들이 많다.)

레티치아 할머니의 누에콩 퓌레와 야생 펜넬로 맛을 낸 탈리아텔레는 소박하지만 무척 맛있다. 야생 펜넬은 흰색 구근 대신 질기고 뻣뻣한 뿌리가 있다. 햇볕이 잘 드는 텃밭에 씨앗 몇 개만 뿌리면, 파릇파릇한 잎이 계속 자란다.

파스타

세몰리나 가루 600g
미지근한 물 270~300ml
소금 ¼ts

콩 퓌레

엑스트라버진 올리브유 4TS
곱게 다진 양파 1개
곱게 다진 당근 1개
말린 누에콩 400g
야생 펜넬 작은 한 묶음(야생 펜넬을 구하기 힘들면 으깬 펜넬 씨앗 1자밤으로 대신한다)
월계수 잎 1장
소금

고명

엑스트라버진 올리브유 약간
굵게 빻은 마른 칠리 페퍼 ½ts(선택)
생펜넬 잎(선택)

21쪽의 설명대로 파스타 반죽을 만들어 약 2mm 두께로 넓게 민 다음 3mm 폭의 끈 모양으로 착착 썬다.

코팅된 소스팬에 올리브유를 부어 중간불에 올린다. 기름이 달궈지면 양파와 당근을 넣고 (야생 펜넬 대신 펜넬 씨앗을 써야 한다면 이때 넣는다.) 7~10분 동안 푹 무르도록 볶는다. 누에콩을 넣고 물을 재료가 잠길 정도로 붓는다. 야생 펜넬 잎과 월계수 잎을 추가하고 콩의 형태가 뭉크러질 때까지 뭉근하게 끓인다. 시간은 콩의 상태에 따라 다르지만, 이 단계에서는 적어도 20분 이상 끓여야 한다. 필요할 경우 물을 더 붓는다. 단, 퓌레의 농도가 걸쭉해야 한다는 것을 명심하라. 또 콩은 냄비 바닥에 쉽게 눌어붙기 때문에 중간에 계속 뒤적거려야 한다.

월계수 잎을 건져내고 소금으로 간을 맞춘다. 다진 펜넬 잎을 퓌레에 고루 섞는다.

큰 냄비에 소금물을 팔팔 끓여 파스타를 넣고 5분쯤 삶는다. 익었는지 하나 먹어본다.

파스타 삶은 물을 콩 퓌레에 한 국자 퍼넣고, 파스타를 건져 퓌레와 잘 섞는다. 완성된 요리를 국자로 퍼서 서빙 접시에 담고 올리브유를 뿌리고 원한다면 칠리 페퍼 가루도 뿌린다. 펜넬 잎으로 장식한다.

조반나 할머니의

붉은 강낭콩 수프 탈리올리니

4인분

토스카나 주 사람들은 콩 요리를 유난히 좋아한다. 그 지역에서만 자라는 콩의 품종 또한 매우 다양하다. 이를 입증하는 좋은 예는 토스카나의 작은 도시 루카의 뒷골목에 있는 작은 가게다. 다양한 콩으로 채워진 불룩한 자루들이 잔뜩 쌓여 있는 이곳은 마치 알라딘의 보물 동굴 같다. 토스카나의 콩들은 피아텔리니(작은 접시), 부리노(연노란빛), 디아볼리노(작은 악마) 등 이름도 예쁘다.

우리가 조반나 할머니 집을 찾은 날은 마침 남편이 병상에 누워 있을 때였다. 하지만 할머니는 여전히 밝은 미소로 우리를 반갑게 맞이해주었다. 탈리올리니 수이 파졸리taglioni sui fagioli는 그녀가 겨울철에 자주 만드는 요리로, 사촌인 조반니 씨가 직접 재배한 로조 디 루카roso di Lucca라는 붉은 강낭콩을 사용한다. 가능하면 보통 강낭콩보다 약간 작고, 고기에 버금갈 만큼 맛있는 이 콩을 사용하는 게 가장 좋지만, 그렇지 못하다면 적어도 통조림보다는 말린 콩을 직접 삶아서 쓰기를 권한다. 결과물의 맛 차이가 꽤 클 것이다. 조반나 할머니는 이렇게 말한다. "계속 맛을 봐야 해요. 그러지 않으면 특별한 맛이 없는 평범한 콩 요리가 될 테니까."

파스타

맷돌로 간 통밀가루 300g
엑스트라버진 올리브유 2TS
따뜻한 물 135~150ml

콩 수프

말린 콩(로소 디 루카 또는 보를로티 콩) 250g
마늘 1쪽
세이지 잎 3장
엑스트라버진 올리브유 4TS
슬라이스한 양파 1개
슬라이스한 큰 당근 1개
슬라이스한 셀러리 1줄기
토마토 페이스트 2TS
소금, 후추

고명

후추 향이 감도는 토스카나산 엑스트라버진 올리브유

큰 볼에 콩을 담고 물을 콩 위로 5cm 이상 올라오도록 넉넉히 부어 8시간 또는 (가능하면) 하룻밤 동안 불린다. 콩을 건져서 마늘, 세이지 잎과 함께 소스팬에 담는다. 다시 물을 콩 위로 10cm쯤 올라오게 충분히 부어 1시간 이상 푹 삶는다. 필요할 경우 중간에 물을 보충한다. 콩을 하나 먹어봤을 때 가운데까지 부드럽게 익었으면 불을 끄고 마늘과 세이지 잎을 빼낸다. 콩을 건져두고, 삶은 물도 따로 둔다.

21쪽의 설명에 따라 파스타 반죽을 만들어 휴지시킨다. 그동안 큰 소스팬에 올리브유를 두르고 뜨겁게 달군 뒤 양파, 당근, 셀러리를 넣고 5분쯤 가볍게 볶는다. 토마토 페이스트를 고루 섞어준 뒤 콩 삶은 물을 채소가 잠길 만큼 붓고 뭉근하게 끓인다. 채소가 푹 무르면 삶은 콩을 넣고 핸드 믹서로 곱게 간다. 너무 뻑뻑하면 콩 삶은 물을 조금 더 추가해 젓기 쉬운 수프 같은 농도로 맞춘다. 맛을 보고 소금, 후추로 간을 맞춘다. 파스타를 만드는 동안 수프가 식지 않도록 약한 불로 계속 가열한다. 단, 콩 수프는 타거나 바닥에 눌어붙기 쉬우므로 자주 확인해야 한다.

파스타 반죽을 파이 시트와 비슷한 2~3mm 두께로 넓게 민다. 속이 비칠 만큼 얇지 않아도 괜찮다. 반죽 표면에 덧밀가루를 살짝 묻히고, 카펫처럼 둘둘 만 다음 1cm 폭으로 착착 썰어서 가느다란 끈 모양의 탈리올리니를 만든다.

파스타를 콩 수프에 넣고 가끔 저어가며 뭉근하게 끓인다. 이렇게 하면 파스타를 익히는 데 시간이 좀 더 걸리는데, 예상 시간은 약 10분이지만 중간에 계속 확인하는 것이 좋다.

서빙 접시에 담은 뒤 후추 향이 나는 토스카나산 엑스트라버진 올리브유를 뿌려 식탁에 올린다.

루이자 할머니의

병아리콩 마나타

6인분

마나타manata는 이탈리아 남부 바질리카타 주의 오지 마을 카스텔메차노를 대표하는 끈 모양 파스타다. 만드는 법이 매우 흥미로운데, 무엇보다 반죽을 밀대로 넓게 밀지 않는다. 이 파스타는 이탈리아 남부에서도 지역에 따라 이름이 달라서 카스텔메차노 근방의 지네스트라 마을에서는 도즈döres라는 방언으로 부른다.

루이자 할머니는 웃음이 많은 쾌활한 분으로, 마을 레스토랑에서 촬영하는 내내 자연스럽고 여유로운 모습이었다. "우리는 대가족이라 어릴 때부터 파스타를 집에서 만들 수밖에 없었어요. 사먹으려면 비용을 감당하기 힘드니까요." 루이자 할머니의 레시피는 밀가루 반죽을 주물러서 늘이는 과정을 계속 반복해 만든 짧은 탈리아텔레를 병아리콩 토마토소스에 버무리면 끝이다. "이게 마나타의 기본 조리법이랍니다."

파스타

세몰리나 가루 400g
소금 1자밤
따뜻한 물 180~200ml

병아리콩 토마토소스

엑스트라버진 올리브유 3~4TS
굵게 다진 양파 1개
병아리콩 통조림(또는 병조림) 300g(말린 병아리콩 삶는 법은 100쪽 참조)
토마토 파사타 300g
소금 1ts
생바질 잎 한 줌
엑스트라버진 올리브유 약간

21쪽의 설명대로 파스타 반죽을 만든다. 마나타 만드는 법을 가장 쉽게 이해하려면 유튜브 채널 〈파스타 할머니들〉에서 루이자 할머니의 동영상을 찾아보면 된다. 하지만 당장 인터넷에 접속하기 힘든 독자들을 위해 간단히 설명하겠다.

휴지를 마친 반죽을 손바닥으로 꾹꾹 눌러 슬리퍼처럼 길쭉하게 만든다. 이 상태에서 고리 모양을 만들면 된다. 먼저 칼로 반죽 한가운데에 가로로 길게 칼집을 낸다. 양손바닥으로 칼집을 살살 벌린 뒤 반죽을 돌려가며 조금씩 늘여 둥그런 고리를 만든다. 고리를 바닥에 대고 손바닥으로 계속 조금씩 밀어가며 반죽을 매끈하게 늘여서 고리의 전체 둘레를 키운다. 밧줄처럼 늘어난 반죽의 지름이 약 1cm에 다다르면, 카우보이가 밧줄을 팔에 감듯, 길게 늘인 반죽 고리를 한 손에 느슨하게 여섯 바퀴쯤 둘둘 감는다. 감은 반죽을 양손으로 쥔 채로, 한 손으로는 주무르고 다른 손으로는 조금씩 당기는 식으로 다시 가늘게 늘이기 시작한다. 이때 반죽 가닥이 서로 달라붙지 않도록 덧밀가루를 충분히 뿌려야 한다.

반죽의 길이가 충분히 늘어나면 다시 손에 몇 바퀴 감아주고, 같은 과정을 계속 반복한다. 탈리아텔레와 비슷한 리본 모양이 나오면 과정을 중단한다. (아브루초 주에서는 이런 식으로 마케로니 알라 무냐이아maccheroni alla mugnaia라는 파스타를 만든다. 이 파스타는 아주 긴 하나의 고리로 이루어져 있다.) 이제 리본을 10cm 길이로 잘라 반죽판이나 쟁반에 넓게 펼쳐서 살짝 말린다.

병아리콩 토마토소스를 준비할 차례다. 소스팬에 올리브유를 두르고 중간불로 뜨겁게 달군 뒤 양파를 5분쯤 볶는다. 여기에 병아리콩, 토마토 파사타, 소금, 바질 잎을 넣고 고루 섞는다. 10분 동안 푹 끓여 약간 걸쭉한 농도의 소스를 완성한다.

큰 냄비에 물을 팔팔 끓인 뒤 소금을 넣고 다시 끓어오를 때까지 기다린다. 파스타를 넣고 몇 분간 끓인 뒤 익었는지 먹어본다. 파스타를 건져서 소스와 고루 섞는다. 식탁에 올리기 직전 엑스트라버진 올리브유를 약간 뿌린다.

4

감자와 뇨키

뇨키는 이탈리아 어디에서나 흔히 볼 수 있고, 모양과 재료도 매우 다양하다. 초기 파스타 형태의 하나로, 역사에 기록되기 수백 년 전부터 존재했을 것으로 추정되지만 처음 언급된 것은 14세기 문헌에서다. 뇨키는 라비올리와 마찬가지로 남은 식재료를 소모하기에 적합한 메뉴다. 재료 낭비를 싫어하는 알뜰한 요리사라면 뇨키로 자신의 독창성을 발휘해보자!

도메니카 할머니의

라비올레 디 발레 바라이타

4인분

라비올레raviole는 라비올리가 아니라 이탈리아 북서부 피에몬테 주의 프랑스 접경지대 근처에 있는 발레(계곡) 바라이타에서 만드는 시가 모양의 뇨키다. 감자와 그 지역에서 생산된 토미노 디 멜레tomino di Melle라는 치즈를 섞어 만든다. 토미노 디 멜레는 5일 동안 숙성시킨 뒤 바로 먹을 수 있는 생치즈다. 역시 피에몬테에서 생산된 로비올라robiola 치즈로도 대체할 수 있으며, 둘 다 구하기 힘들다면 그 밖에 다른 생치즈를 써도 상관없다. 염소치즈도 괜찮다. 도메니카 할머니는 드레싱에 사용되는 버터는 최대한 좋은 품질의 알파인 버터(알프스 고산 지대에서 신선한 풀을 먹고 자란 젖소의 우유로 만든 버터)를 사용하라고 권한다. 이 요리는 전통적으로 세례식 또는 약혼식 같은 특별한 날을 위한 음식이다. 그러니 버터를 마음껏 사용해도 좋다!

라비올레

껍질을 벗기지 않은 분질 감자 1kg
생치즈(토미노 디 멜레 추천) 200g
0밀가루 또는 일반(다목적) 밀가루 250g
소금

고명

무염 버터 75g(도메니카 할머니는 훨씬 많은 양을 사용한다!)
싱글 크림* 100ml
파르미자노 레자노 치즈 간 것

감자를 소금물에 삶는다. 다 익은 감자는 건져서 껍질을 벗긴 뒤 뜨거울 때 포테이토 라이서 또는 푸드 밀을 이용해 으깬다. 반죽판에 덧밀가루를 충분히 뿌리고 으깬 감자를 넓게 펼쳐놓는다. 토미노 디 멜레 치즈를 손으로 부수거나 으깨서 밀가루와 함께 감자 위에 뿌린다. 뜨거운 감자의 열기에 치즈가 녹을 것이다. 감자와 치즈를 한데 섞어서 충분히 치댄 뒤 간을 맞춘다.

감자 반죽을 주먹만 한 크기로 자른 다음 손바닥으로 밀어 두꺼운 막대빵 모양으로 만든다. 이것을 3cm 길이로 뚝뚝 자른다. 다시 한 조각씩 손바닥으로 밀어 약 5~7cm 길이의 시가 모양으로 만든다.

접시를 따뜻한 오븐에 넣어 데운다. 큰 냄비에 물을 팔팔 끓여 소금을 약간 넣고 다시 끓어오를 때까지 기다린다. 준비된 라비올레를 한꺼번에 넣기엔 양이 많으므로 몇 번에 나누어 삶는다. 라비올레가 위로 둥둥 떠오르면 체나 슬로티드 스푼으로 건져서 따뜻하게 데운 접시에 담는다.

작은 소테팬에 버터를 넣고 황금빛이 돌면서 고소한 견과류 냄새가 날 때까지 끓인다. 도메니카 할머니는 팬 바닥에 거뭇거뭇한 점이 생기기 시작할 때까지 끓이지만, 이렇게까지 할 필요는 없다. 또 다른 소스팬에 크림을 데운다. 녹인 버터와 데운 크림을 삶은 라비올레에 붓고, 파르미자노 레자노 치즈 가루를 한 줌 뿌려 가볍게 섞는다. 취향에 따라 이 상태에서 그릴에 살짝 구워도 좋다(이 경우, 반드시 오븐용 내열 접시를 써야 한다).

도메니카 할머니의

토마토소스 감자 뇨키

6인분

볼로냐 남쪽의 산악 지대에 있는 작은 마을 몬테세에는 아직도 제2차 세계대전의 기억이 남아 있다. 독일군에 점령당한 이 지역을 브라질군이 치열한 전투 끝에 해방시킨 바 있다. 도메니카 할머니는 당시 자신의 가족들이 영국 병사 한 명을 몇 달 동안 창고의 건초 더미 뒤에 숨겨준 이야기를 들려주었다. 그는 위험을 무릅쓰고 연합군 전선으로 향했지만, 안타깝게도 도중에 목숨을 잃었다. 할머니는 병사가 가족들에게 남긴 인장 반지를 여전히 간직하고 있다.

도메니카 할머니가 알려준 맛있는 뇨키의 비결은 감자를 잘 선택해야 한다는 것이다. 할머니가 사는 몬테세는 유명한 감자 산지로, 원산지 명칭 보호DOP 지정도 받았다. 추천하는 비율은 감자 1kg당 밀가루 300g인데, 할머니는 이 비율로 가벼운 식감의 맛있는 뇨키를 만들어낸다. 이 레시피에서는 달걀을 쓰지 않는다.

뇨키

엇비슷한 크기의 껍질을 벗긴 감자 1.5kg
다목적 밀가루 450g

토마토소스

잘게 썬 샬롯 3개
잘게 썬 당근 1개
잘게 썬 셀러리 1줄기
엑스트라버진 올리브유 또는 버터 4TS
토마토 파사타 400g(도메니카 할머니는 직접 만든다)
소금

고명

(24개월 이상 숙성된) 파르미자노 레자노 치즈 간 것 30g

감자를 모두 엇비슷한 크기로 4등분해서 푹 삶는다. 다 익은 감자는 수분을 완전히 제거한 뒤 잠시 식힌다.

넓은 프라이팬(스킬릿)에 올리브유나 버터를 넣고 약불로 달군 다음 잘게 썬 채소를 넣고 10분쯤 볶는다. 채소가 완전히 익으면 토마토 파사타를 넣고 소금 간을 한 뒤 뭉근하게 끓인다.

그동안 감자 뇨키를 만든다. 반죽판(도메니카 할머니는 그 지역 밤나무로 만든 커다란 나무판을 사용한다)에 밀가루를 쏟아 한가운데를 움푹 판다. 이 구덩이에 삶은 감자를 놓고 포테이토 라이서로 으깬다. 감자와 밀가루를 잘 섞어 날밀가루가 보이지 않을 때까지만 치댄다. 너무 오래 치대면 밀가루에 글루텐이 형성되므로 주의한다.

반죽과 반죽판에 덧밀가루를 충분히 묻힌다. 반죽을 한 덩이 떼어 손바닥으로 밀어서 지름 약 3cm의 밧줄 모양으로 길게 늘인 다음, 적당한 크기(자신의 손가락 2개를 붙인 폭 정도)로 똑똑 자른다. 자른 반죽 위에 두 손가락을 가볍게 대고 자신의 몸 쪽으로 끌어당기듯 굴리면 통통하고 살짝 말린 형태의 뇨키가 된다. 준비된 반죽을 다 쓸 때까지 이 과정을 반복한다.

큰 냄비에 소금물을 팔팔 끓여 뇨키를 적당히 넣고 삶는다(레시피대로 준비했다면 몇 번에 나누어 삶아야 할 것이다). 2분쯤 지나 뇨키가 둥둥 떠오르면 슬로티드 스푼이나 체로 건져서 준비된 토마토소스에 넣는다. 소스가 뇨키 표면에 고루 묻도록 가볍게 섞는다.

파르미자노 레자노 치즈 가루를 듬뿍 얹어서 곧바로 식탁에 올린다.

퀸티나 할머니의

병아리콩 뇨케티

4인분

퀸티나 할머니는 바로 근처에 사는 아다 할머니(88쪽 참조)의 친언니다. 이번 요리의 이탈리아식 이름은 뇨케티 콘 체치gnocchetti con ceci다. 퀸티나 할머니는 뇨케티라는 특이하면서도 쉽게 만들 수 있는 파스타로 병아리콩 수프에 식감과 재미를 더한다. 할머니가 사는 산골 마을 아브루초에서는 파스타 삶은 물을 개수대에 쏟아버리지 않고 수프 베이스로 활용한다. 뇨케티는 '작은 뇨키'라는 뜻으로 병아리콩과 크기가 똑같다. 그래서일까, 이웃 마을인 오르토나 데이 마르시에서는 뇨케티를 '치체르키에ciccerchie'라고 부르는데, 이는 이탈리아어로 병아리콩을 뜻하는 '체치ceci'에서 비롯된 것이다.

뇨케티는 폴렌타 가루와 밀가루를 섞어 만든다. 준비한 폴렌타 가루의 입자가 거칠 경우, 밀가루와 비슷하도록 푸드 프로세서로 갈아서 쓴다.

뇨케티

고운 폴렌타 가루 200g
다목적 밀가루 200g
소금 1자밤
따뜻한 물 약 200ml

토마토소스

삶은 병아리콩 500g(직접 삶을 경우 말린 콩 250g)
토마토 파사타 또는 남은 라구 소스 300g (157~158쪽 알바 할머니 레시피 참조)
엑스트라버진 올리브유 3TS

고명

페코리노 치즈 간 것

뇨케티 재료를 모두 섞어 날밀가루가 보이지 않을 정도로만 치대서 단시간에 반죽을 마친다. 반죽은 부드럽지만 끈적거리지 않아야 하며 휴지시킬 필요는 없다. 반죽을 1cm 두께로 넓게 민 다음, 다시 1cm 폭의 넓적한 끈 모양으로 착착 썬다. 이어 여러 개의 끈을 가지런히 놓고 완두콩 크기로 잘게 썬다. 서로 달라붙지 않도록 덧밀가루를 고루 묻혀놓고 소스를 준비한다.

소스팬에 토마토 파사타와 병아리콩을 담아 통조림 베이크트빈과 비슷한 농도가 될 때까지 졸인다.

큰 냄비에 소금물을 팔팔 끓여 뇨케티를 한꺼번에 넣고 삶는다. 약 2분 뒤 뇨케티가 둥둥 떠오르면 다 익은 것이다. 파스타 삶은 물을 약간 따라 버리고(버리는 양은 원하는 수프의 농도에 따라 조절한다), 여기에 준비된 소스와 올리브유를 넣고 고루 섞는다. 수프를 서빙 접시에 담고 치즈를 뿌려서 식탁에 올린다.

셀비나 할머니의

뇨키 콘 살시체

4인분

나에게 크레모나는 오랜 세월 동안 밀라노로 가는 고속도로에서 스쳐가는 수많은 이정표 속 지명일 뿐이었다. 나는 이를 악물고 운전대를 꽉 움켜쥔 채 내 차 뒤를 바짝 뒤쫓는 속도광을 신경 쓰느라 중간에 고속도로를 빠져나가 다른 도시를 둘러볼 생각 따위는 하지 못했다. 하지만 크레모나는 충분히 그럴 만한 가치가 있는 곳이다. 끝없이 이어진 로마가도 같은 고속도로 바로 옆에 자리한 이 작은 마을에 셀비나 베르투치 할머니가 살았다. 안타깝게도 할머니는 2019년 4월에 돌아가셔서 이 책에 소개된 자신의 이야기를 보지 못한다.

초봄의 어느 일요일 아침, 우리는 셀비나 할머니의 감자 뇨키 레시피 촬영을 위해 그녀의 집을 찾았다. 할머니는 수십 년 동안 뇨키를 만들었으면서도 수줍어하고 긴장한 기색이 역력했다. 딸인 오리아나는 곁에서 조용히 보조 역할을 해주었다. 셀비나 할머니는 루가니카luganica라는 롬바르디아 지방에서 많이 먹는 향신료를 넣지 않은 플레인 소시지(살시체salsicce)를 사용했다. 루가니카는 짧게 끊어 만드는 소시지가 아니라 달팽이처럼 돌돌 말린 형태를 띤다.

뇨키
분질 감자 1kg
다목적 밀가루 250g
달걀 1개

소스
잘게 다진 양파 1개
엑스트라버진 올리브유 1TS
껍질을 제거한 고급 플레인 소시지 4개
캔 홀토마토 400g
소금

고명
파르미자노 레자노 치즈 가루
무염 버터 약간

감자는 껍질을 벗겨 2등분하거나 통째로 푹 삶은 다음, 한 김 식혀서 포테이토 라이서로 으깬다. 으깬 감자를 넓게 펼쳐서 좀 더 식힌다. 따뜻하지만 김이 피어오를 만큼 뜨겁지는 않을 정도가 딱 좋다.

으깬 감자 위에 밀가루를 훌훌 뿌리고, 달걀을 깨뜨려 넣는다. 이것을 재빨리 가볍게 섞어서 한 덩어리로 뭉치면 반죽이 끝난다. 빵이나 파스타를 반죽할 때와는 다르다. 반죽판에 덧밀가루를 뿌리고, 감자 반죽을 손바닥으로 밀어 밧줄처럼 길게 늘인 다음, 큼직한 올리브만 한 크기로 뚝뚝 자른다.

프라이팬(스킬릿)에 올리브유를 두르고 양파를 색깔이 나지 않으면서도 푹 무르게 볶는다. 여기에 손으로 대강 부순 소시지를 넣고 2분쯤 더 볶으면서 소시지를 완전히 흩뜨린다. 이어 홀토마토와 소금을 넣고 뭉근하게 더 끓여 소스를 완성한다. 시간은 20~30분쯤 걸릴 것이다.

뇨키가 다 준비되면, 큰 냄비에 소금물을 팔팔 끓인다. 서빙 접시도 따뜻하게 데워서 준비한다. 뇨키를 끓는 물에 넣고 삶는다. 냄비 크기에 따라 몇 번에 나누어 삶아야 할 수도 있다. 뇨키가 둥둥 떠오르면 30초만 더 기다렸다가 체나 슬로티드 스푼으로 건져서 준비된 서빙 접시에 담는다. 파르미자노 레자노 치즈를 뇨키 위에 뿌리고, 소스를 부어 가볍게 섞는다. 마지막으로 버터 조각을 넉넉히 넣고 섞어 곧바로 먹는다.

올가 할머니의

카네데를리

4~6인분

돌로미티 산맥에 있는 셀바 마을은 스키를 좋아하는 사람들에게 잘 알려진 곳으로 오랫동안 오스트리아 영토였던 지역의 휴양지다. 이탈리아처럼 느껴지지 않는 이 마을의 분위기와 역사는 지역의 향토 음식인 카네데를리canederli(빵으로 만든 오렌지 크기의 완자)에도 반영된다. 이 요리는 빵 한 덩이로 몇 주를 버텨야 했던 시대에 생겨났다. 재료는 모두 다른 요리에 쓰고 남은 것들이었다. 기본 레시피는 마른 빵 조각을 갈아 완자를 만든 뒤 물이나 스톡에 익히는 것이지만, 집집마다 고유의 비법이 있다. 치즈를 넣기도 하고, 심지어 소나 돼지의 뇌로 풍미를 더하기도 한다.

올가 할머니는 열여섯 살 때 처음 어머니와 함께 카네데를리를 만들기 시작했다. 할머니가 젊었을 시절에는 요리를 할 줄 모르면 좋은 신붓감이 아니라고 여겨졌다. 어머니에게 이런 말을 귀에 못이 박이게 들었던 올가 할머니는 음식 솜씨를 키우기 위해 알프스의 한 호스텔 주방에서 몇 달 동안 일했다. 이런 노력이 통했는지 할머니는 스무 살 때 결혼해서 세 자녀를 낳고 오랫동안 가족과 함께 비앤비를 운영했다. 최근에는 자녀들에게 일을 물려주고 은퇴한 상태다. 올가 할머니는 요즘도 일요일마다 카네데를리를 만든다. 할머니는 굴라시에 넣어 먹을 때가 많지만, 그린 샐러드와 함께 녹인 버터나 파르미자노 레자노 치즈를 듬뿍 얹어 먹어도 좋다.

엑스트라버진 올리브유 또는 버터 3TS
+ 추가분(고명용)
잘게 다진 양파 ½개
작게 깍둑 썬 스페크* 50g
마른 흰 빵 500g(깍둑썰기해서 준비)
달걀 3개
우유 200~250ml
00밀가루 또는 일반(다목적) 밀가루 수북하게 1TS
다진 차이브 10g
소금

프라이팬(스킬릿)에 올리브유나 버터를 넣고 달군 뒤 약한 불에서 양파를 볶는다. 양파가 투명하게 익으면 스페크를 넣고 가볍게 데우는 정도로 1분 동안만 볶는다. 스페크는 익을수록 단단해지므로 부드러운 식감을 원한다면 절대 오래 볶아선 안 된다. 프라이팬을 불에서 내린다.

큰 볼에 빵과 달걀, 우유 200m를 넣고 고루 섞는다. 스페크와 양파, 프라이팬에 남은 기름까지 모두 붓고, 이어 밀가루, 소금 1자밤, 다진 차이브까지 모두 넣는다. 모든 재료가 한 덩어리로 뭉치도록 고루 뒤섞는다. 수분이 부족해서 잘 뭉치지 않으면 남은 우유를 적당히 부어준다. 빵이 수분을 완전히 흡수하도록 15분 동안 휴지시킨다.

큰 냄비에 소금물을 팔팔 끓인다. 물의 양은 카네데를리를 넣었을 때 75퍼센트쯤 잠길 정도여야 한다.

이제 카네데를리를 빚을 차례다. 먼저 작은 볼에 물을 담아 한쪽에 준비한다. 두 손에 물을 묻힌 다음 빵 반죽을 한 줌 작게 떼어내 꼭꼭 뭉친다. 이어 양손바닥 사이에 넣고 돌돌 굴려서 조그만 공처럼 만든다. 크기는 귤이나 작은 오렌지 정도가 적당하다. 같은 방식으로 남은 반죽도 모두 공처럼 빚어 쟁반에 올려놓는다. 레시피대로 준비하면 12개 정도의 카네데를리를 만들 수 있다.

카네데를리를 몇 개씩 나누어 뜨거운 물에 넣고 10분쯤 익힌다. 이때 약한 불로 해야 물이 빨리 증발되지 않는다. 먼저 익혀낸 카네데를리는 식지 않도록 낮은 온도의 오븐에 넣어둔다. 완성된 카네데를리는 녹인 버터를 살짝 끼얹어서 곧바로 먹는다.

주시의
토마토소스 은둔드리

4~6인분

〈파스타 할머니들〉 채널의 출연자 선정 기준은 예순 살 이상의 진짜 할머니여야 한다는 것이다. 일흔을 넘긴 할머니면 더 좋다. 하지만 우리는 예외적으로 주시를 출연시키기로 했다. 주시는 자신의 할머니에게 배운 은둔드리'ndunderi 레시피를 거의 전문가 수준으로 재현한다. 촬영 당시 그녀의 나이는 고작 스물한 살이었지만, 뛰어난 요리 솜씨로 이미 이탈리아 텔레비전 프로그램에 출연한 경력까지 있었다.

은둔드리는 리코타 치즈로 만든 뇨키다. 밀가루와 감자를 섞어 만드는 보통 뇨키와 달리 이 뇨키는 리코타 치즈가 주재료이기 때문에 한결 가볍고 부드러운 식감이 특징이다. 은둔드리는 아말피 해안에 자리한 미노리 마을의 별미로, 미리 만들어서 냉동했다가 토마토소스를 보글보글 끓이는 동안 재빨리 물에 삶아서 소스에 버무려 낸다.

은둔드리

신선한 우유로 만든 리코타 치즈 250g(수분 제외)
달걀노른자 2개
00밀가루 또는 일반(다목적) 밀가루 125g
(리코타치즈의 수분 함량에 따라 가감)
+ 추가분(덧밀가루용)
파르미자노 레자노 치즈 간 것 40g
소금 1자밤
후추 1자밤
너트메그 가루 1자밤
잘게 썬 바질(고명)

토마토소스

통조림 플럼토마토 2캔(800g)
잘게 썬 양파 1개
다진 마늘 1쪽
월계수 잎 1장
엑스트라버진 올리브유 3TS
설탕 1ts
소금 ½ts
훈제 스카모르차 치즈(프로볼라 치즈 또는
모차렐라 치즈) 200g
파르미자노 레자노 치즈 간 것 15g

리코타 치즈를 30분 동안 체에 밭여 수분을 뺀다. 수분이 완전히 빠지면 바질을 제외한 은둔드리 재료를 모두 한꺼번에 섞어 가볍게 치대며 반죽한다. 빵이나 파스타 반죽과 달리 모든 재료가 완전히 섞이면 더는 치대지 말고 바로 중단한다. 반죽을 볼에 담고 마른행주 또는 뚜껑을 덮어 30분 동안 냉장고에 넣어둔다. 이렇게 하면 손에 잘 달라붙지 않기 때문에 나중에 덧밀가루를 덜 묻혀도 된다.

그동안 토마토소스를 만든다. 소스팬에 치즈를 뺀 모든 재료를 넣고, 토마토를 담았던 빈 캔에 물을 가득 받아서 부어준다. 토마토와 양파가 푹 물러 뭉크러질 때까지 약 40분 동안 푹 끓인다. 월계수 잎을 건져내고 핸드믹서로 곱게 간다.

냉장고에서 차가워진 반죽을 꺼내 칼로 2등분한다. 자른 반죽 1덩이를 손바닥으로 밀어 지름 2cm의 밧줄 모양으로 길게 늘인 뒤 호두알 크기로 뚝뚝 썬다. 크기가 일정해야 나중에 고르게 익힐 수 있다. 레시피대로 만들었을 경우, 약 30조각이 나온다.

큰 포크의 날 뒤쪽에 밀가루를 묻힌다(날이 긴 포크일수록 반죽을 굴리기가 쉽다). 날 뒤쪽에 반죽 조각을 올리고 가볍게 굴려서 동그랗게 말린 줄무늬 만두처럼 만든다. 덧밀가루를 뿌린 반죽판에 놓고, 나머지 반죽으로 같은 작업을 계속 반복한다.

은둔드리를 삶을 준비가 되면, 훈제 스카모르차 치즈의 절반을 앞서 만든 토마토소스에 넣고 불에 올려 완전히 녹인다.

오븐을 200℃로 예열한다.

큰 냄비에 소금물을 팔팔 끓여 은둔드리를 넣고 5분쯤 삶는다. 호두알보다 크게 만들었을 경우에는 삶는 시간을 약 7분으로 늘려야 한다. 은둔드리가 위로 떠오르면 다 익은 것이니 슬로티드 스푼이나 체로 건져 토마토소스에 넣고 1분 정도 더 끓인다. 이어 25×30cm 크기의 그라탱 접시에 옮겨 담는다.

남은 절반의 스카모르차 치즈와 파르미자노 레자노 치즈를 고루 뿌려 오븐에서 치즈가 다 녹을 때까지 10분쯤 굽는다. 스푼으로 퍼서 개인 서빙에 덜고 바질을 얹어 장식한다.

풀리아 주 프레지체에 사는 루차 할머니는 1930년 남자형제가 일곱이나 되는 집안의 고명딸로 태어났다. 어머니는 바늘에 찔린 부위가 감염되어 결국 한쪽 팔을 잘라내야 했다. 그래서 루차 할머니가 어릴 때부터 온 가족의 식사 준비를 떠맡았다. "내가 얼마나 많은 파스타를 만들어야 했는지 상상이 가나요? 아무것도 모르는 상태에서 일단 만들면서 조금씩 배워나갔어요. 오빠들은 파스타가 너무 싱겁다느니, 짜다느니, 어찌나 투덜거리던지!"

"요리는 일단 맛있게 만들겠다는 열정이 있어야 해요. 재료만 좋으면 특별한 솜씨나 레시피가 없어도 괜찮아요. 재료 자체가 맛을 내주니까요. 중요한 건 음식을 만든 사람을 비롯한 온 가족이 함께 둘러앉아 먹어야 한다는 거예요. 우리는 아침 식사도 늘 다 같이 했답니다. 요즘엔 그러기가 쉽지 않죠." 루차 할머니는 민트 잎으로 맛을 낸 빵가루 완자인 수시엘라susciella 레시피를 알려주었다.

루차 할머니의

빵가루 완자를 곁들인 사녜

6인분

파스타

고운 세몰리나 가루 400g

미지근한 물 200ml

토마토소스

엑스트라버진 올리브유 4TS

깍둑 썬 양파 1개

토마토 파사타 800g

월계수 잎 1장

소금

수시엘라

우유로 만든 리코타 치즈 250g

달걀 3개

대충 썬 민트 잎 20g

빵가루 130g

페코리노 치즈 가루 25g

튀긴 수시엘라(선택)

빵가루 한 접시(수시엘라 표면에 묻힐 것)

식물성 기름(튀김용)

먼저 토마토소스를 준비한다. 큰 소스팬에 올리브유를 넣고 뜨겁게 달군 뒤 양파를 10분쯤 볶아서 부드럽게 익힌다. 여기에 토마토 파사타를 넣고, 파사타 병에 물을 부어 헹군 뒤 그 물을 소스팬에 붓는다. 월계수 잎과 소금 1자밤을 넣고 간을 본 다음, 최소 1시간 이상 뭉근하게 끓여서 토마토의 단맛을 최대한 끌어낸다. 월계수 잎을 건져내고 핸드믹서로 곱게 갈아 토마토소스를 완성한다.

21쪽의 설명대로 파스타 반죽을 만들어 10분 동안 휴지시킨다. 반죽을 2~3mm 두께로 넓게 민 다음, 약 2cm 폭의 리본 모양으로 자른다. 이어 리본의 한쪽 끝을 잡고 반대쪽 끝을 손바닥으로 굴려서 엉성하게 비비 꼬인 모양의 사녜를 만든다. 꼬인 끈이 너무 길면 반으로 접어서 쟁반에 옮겨놓는다. 같은 방식으로 나머지 반죽을 모두 사녜로 만든다.

이제 수시엘라를 만들 차례다. 먼저 모든 재료를 포크로 꾹꾹 눌러가며 고루 섞는다. 포크로 반죽을 퍼올렸을 때 아래로 떨어지지 않을 만큼 끈기가 생기도록 계속 치댄다. 반죽이 질어서 자꾸 떨어질 경우, 빵가루를 좀 더 추가한다. 반죽이 다 되면 물 묻힌 손으로 반죽을 살구 크기로 떼어 동그랗게 빚은 다음 가볍게 눌러 약간 납작하게 만든다. 레시피대로 하면 약 15개의 완자를 만들 수 있다. 이것을 모두 토마토소스에 넣고 조려도 좋지만, 몇 개를 따로 기름에 튀겨내면 바삭한 식감을 맛볼 수 있다.

수시엘라를 토마토소스에 넣고 5분쯤 조린다. 기름에 튀길 때는 겉에 빵가루를 입혀야 한다. 프라이팬에 식물성 기름을 붓고 불에 올린다. 빵가루를 조금 넣어 기름의 온도가 적당한지 확인한다. 넣자마자 지글지글 익는 소리가 나면 충분히 달구어진 것이다. 수시엘라를 넣고 양면을 모두 노릇노릇하게 튀긴다. 튀긴 수시엘라는 먹기 직전 토마토소스에 담가 조린 수시엘라와 함께 낸다.

큰 냄비에 소금물을 팔팔 끓여 사녜를 넣고 3분쯤 삶는다. 익었는지 한 가닥 먹어본 뒤, 건져서 서빙 접시에 담는다. 사녜 위에 토마토소스와 수시엘라를 듬뿍 올려서 곧바로 먹는다.

비비 꼬인 모양의
사녜 반죽

로자 할머니의

시금치 리코타 뉴디

2인분

로자 할머니는 파스타 제조업체인 마르텔리 가의 대표다. 우리는 먼저 공장을 방문한 다음 할머니에게 뉴디gnudi 레시피를 소개받았다. 뉴디는 누드(나체)라는 뜻이다. 그래서 어쩐지 파스타가 아닌 것처럼 느껴질 수도 있지만 이 완자는 피가 없는 라비올리라고 할 수 있다. 뉴디는 토스카나 지방의 향토 음식으로 마르텔리 공장 역시 이곳에 있다. 로자 할머니의 강조하는 이 요리의 관건은 시금치와 리코타 치즈의 수분을 완전히 제거하는 것이다. 그렇지 않으면 익히는 동안 완자가 다 부서져버린다.

이 레시피에서는 200g짜리 리코타 치즈 두 통이 필요하다. 수분을 빼고 나면 무게가 많이 줄어들기 때문이다. 시금치 대신 어린 근대를 넣어도 맛있다. 단, 굵은 줄기는 떼고 잎 부분만 사용한다.

뉴디

우유로 만든 리코타 치즈 250g(수분을 뺀 무게)
시금치 600g
곱게 간 파르미자노 레자노 치즈 25g
푼 달걀 큰 것 1개
다목적 밀가루(덧밀가루용) 약간
소금

드레싱

무염 버터 30g
세이지 잎 5장
너트메그 간 것 약간

고명

파르미자노 레자노 치즈 간 것 2TS

약 1시간 동안 체에 밭여 수분을 제거한 리코타 치즈 250g을 준비한다.

그동안 소스팬에 시금치 잎을 담고 강한 불에 올린 뒤 끓는 물을 2TS만 넣는다. 팬 뚜껑을 덮고 살짝 숨이 죽을 때까지 찐다. 시금치를 체로 건져 식힌 다음, 물기를 최대한 꽉 짜서 잘게 썬다. 이때 시금치의 무게는 300g쯤 된다.

시금치에 리코타 치즈, 파르미자노 레자노 치즈, 달걀을 넣고 고루 섞은 다음, 소금으로 간을 맞춘다. 모든 재료가 완전히 섞이게 하는 것이 중요하다.

넓은 볼에 약간의 밀가루를 넓게 펼쳐놓는다. 시금치 반죽을 큰 호두알 크기인 20g씩 떼어 밀가루에 가볍게 굴린 다음, 손바닥 사이에 놓고 돌돌 굴려 동그랗게 빚는다. 여분의 밀가루를 떨어내고 덧밀가루를 살짝 뿌린 반죽판 위에 놓는다. 완자들을 너무 다닥다닥 붙여놓지 않도록 한다.

가스레인지 양쪽 화구에 각각 프라이팬(스킬릿)과 소테팬을 올린다. 프라이팬에 버터와 세이지 잎, 너트메그를 넣고 가열해서 버터를 녹인다. 뉴디를 물에 익힐 동안 버터가 식지 않도록 불을 계속 약하게 켜둔다.

소테팬에 소금물을 붓고 약하게 끓인다. 뉴디를 몇 번에 나누어 물에 조심스럽게 넣고 중약불로 5분쯤 익힌다. 위로 둥둥 떠오르면 다 익은 것이다. 뉴디를 슬로티드 스푼으로 건져서 옆의 프라이팬으로 옮긴다.

스푼으로 버터를 뉴디 위에 고루 끼얹고 치즈 가루를 듬뿍 뿌려서 식탁에 올린다.

5

해산물

이탈리아는 바다와 길게 맞닿아 있는 축복받은 땅이다. 각 항구와 어촌에는 그곳만의 고유한 해산물 요리가 있다. 앤초비는 물론 이탈리아 요리에 두루 쓰이는 재료 중 하나다. 신선한 생선을 가장 맛있게 먹는 방법은 최대한 단순하게 조리하는 것이다. 조개와 생선뼈는 맛있는 국물이나 수프에 이용할 수 있다. 따라서 생선을 활용한 파스타 레시피는 많지 않지만, 갑각류는 자주 등장한다.

라켈레 할머니의

갑오징어 순대와 카바텔리

4~6인분

올해 아흔여섯 살인 라켈레 할머니는 남편 제라르도 할아버지가 열일곱 살일 때 처음 데이트 신청을 받았다. 제라르도 할아버지는 가장 탐스럽게 익은 포도를 준비해서 라켈레 할머니에게 전해주라고 친구에게 부탁했다. '이 포도가 달콤하다고 생각한다면, 포도를 당신에게 준 남자는 얼마나 더 달콤할지 생각해 보라'는 말과 함께. 실제로 포도는 엄청나게 달콤했고, 그날 이후 두 사람은 쭉 함께했다.

라켈레 할머니는 가장 좋아하는 음식이 무엇이냐는 질문에 어깨를 으쓱하며 말한다. "가난할 때는 무언가를 먹는다는 것 자체가 중요하지, 뭘 먹느냐는 중요하지 않아요. 나는 만드는 재미가 있는 마케로니 아 데시타maccheroni a descita(카바텔리)를 좋아해요." 이 요리는 라켈레 할머니가 사는 풀리아 주의 작은 마을 산타가타의 크리스마스 별미다. 할머니는 여느 생선보다 쉽게 상하지 않고, 가격도 훨씬 저렴한 갑오징어를 사용한다. 갑오징어 대신 보통 오징어를 써도 된다.

파스타

00밀가루 또는 일반(다목적) 밀가루 400g
(쫄깃한 파스타를 원하면 고운 세몰리나 가루를 써도 된다)
물 180~200ml

갑오징어

며칠 묵은 빵으로 만든 빵가루 200g
잘게 썬 마늘 2쪽
굵게 다진 파슬리 1TS
엑스트라버진 올리브유 1TS
우유 약 4TS
큼직한 갑오징어 1마리
토마토 파사타 400g + 물 약간
소금

토핑

빵가루 150g
굵게 다진 파슬리 1TS
다진 마늘 1쪽
엑스트라버진 올리브유

갑오징어를 통째로 깨끗이 손질해 준비한다. 큰 볼에 빵가루, 마늘, 파슬리, 올리브유를 넣고 고루 섞는다. 우유를 조금씩 부어 빵가루를 촉촉하게 적신다(뚝뚝 흐를 정도로 질어지면 안 된다). 갑오징어 다리를 잘게 썰어 섞은 뒤, 갑오징어 배 속에 채워넣는다.

갑오징어의 열린 배는 금속 꼬치로 꿰어서 여민다. 라켈레 할머니의 딸인 도메니카의 설명에 따르면 옛날에는 실과 바늘로 직접 꿰맸다고 한다.

갑오징어가 충분히 들어갈 만한 크기의 소스팬에 올리브유를 자작하게 붓고 중간불로 달군다. 갑오징어를 넣고 10분 동안 노릇노릇하게 지진 뒤 토마토 파사타를 붓는다. 파사타를 담았던 용기에 물을 절반쯤 채워서 잔여물까지 깨끗이 헹궈 팬에 붓는다. 소금 간을 한 뒤 팬 뚜껑을 덮고 갑오징어가 부드럽게 익을 때까지 1시간쯤 푹 끓인다. 중간에 뚜껑을 열어보고 수분이 부족하면 조금씩 보충한다.

그동안 토핑을 만든다. 빵가루에 다진 파슬리와 마늘을 넣고 잘 섞는다. 프라이팬에 바닥이 완전히 메워질 만큼 올리브유를 넉넉히 부어 약한 불로 달군다. 여기에 준비된 빵가루를 넣고 자주 뒤적거리며 10분쯤 볶아서 노릇노릇하고 바삭한 토핑을 만든다.

21쪽의 설명대로 파스타 반죽을 만든다.

반죽을 약 100g씩 떼어 굵은 밧줄 모양으로 길게 늘인다. 이것을 3~4cm 길이로 뚝뚝 썬 다음, 가운데 손가락 2, 3개를 이용해 한 조각씩 자신을 향해 끌어당기듯 굴려서 길쭉하고 둥글게 말린 카바텔리를 만든다. 남은 반죽도 같은 방식으로 모양을 낸다.

큰 냄비에 소금물을 팔팔 끓인 뒤 카바텔리를 넣고 한 번 휘젓는다. 카바텔리가 둥둥 떠오르기 시작하면 1분만 더 기다렸다가 익었는지 먹어본다. 카바텔리의 크기와 두께에 따라 더 익혀야 할 수도 있다.

토마토소스에 조린 갑오징어를 꺼내 적당한 두께로 썬다. 팬에 남은 토마토소스 가운데 오징어에 끼얹을 약간의 분량을 따로 덜어둔다. 파스타를 건져서 토마토소스와 잘 섞는다. 서빙 접시에 파스타를 담고, 바삭하게 볶은 빵가루를 뿌려 곧바로 먹는다. 갑오징어는 파스타를 다 먹고 난 뒤 덜어둔 토마토소스를 좀 더 끼얹어서 먹는다. 이탈리아에서는 이것이 세콘도(메인 코스)에 해당한다.

리나 할머니의

참치, 아티초크, 새우 타쿠나

6인분

일흔 살 리나 할머니는 셰프라는 호칭을 무척 어색해한다. "내가 만드는 건 그저 평범한 가정 요리인걸요." 그녀는 시칠리아 섬 남쪽의 작은 도시 마르차메미에서 타베르나 찰로마라는 작은 식당을 운영한다. 새파란 그리스풍 창문 안쪽은 온통 살구색과 하늘색 무늬가 화려한 시칠리아식 타일과 빈티지한 레이스로 꾸며져 있다. 식당 뒤쪽에 있는 데크는 바로 코앞에서 들려오는 잔잔한 파도 소리를 들으며 식사를 할 수 있도록 꾸며져 있다. 우리는 어느 봄날 아침 그녀의 식당을 찾았는데, 마침 참치잡이 성수기가 막 시작된 때였다. 그래서 리나 할머니는 팔라미타palamita라는 대서양 다랑어(보니토)를 이용한 파스타 요리를 만들어주었다. 팔라미타는 단단한 육질과 맛이 참치와 비슷하므로 둘 중 좋아하는 것을 쓰면 된다.

리나 할머니는 갓 제분한 시칠리아산 고급 듀럼밀로 타쿠나taccuna 파스타를 만든다. 고소한 견과류 향과 거친 식감이 매력적이기 때문이다. 가능하면 이와 비슷한 밀가루를 찾아보시라.

파스타

고운 세몰리나 가루 600g + 추가분(덧밀가루용)
미지근한 물 270~300ml

생선 아티초크 소스

레몬 1개
큼직한 아티초크 6개
엑스트라버진 올리브유 4TS
굵은 마늘 1쪽
잘게 다진 파슬리 수북하게 3TS
팔라미타 또는 참치 필레 300g(사방 3cm로 깍둑썰기해서 준비)
페페론치노 1자밤
왕새우 12마리
파르미자노 레자노 치즈 가루 20g(30개월 이상 숙성된 것 추천)
소금

21쪽의 설명대로 파스타 반죽을 만든다. 반죽을 2mm 두께로 넓게 민 다음 폭 2.5cm, 길이 15cm 정도의 짧고 넓적한 끈 모양으로 자른다. 소스를 준비하는 동안 끈이 서로 달라붙지 않도록 덧밀가루를 가볍게 묻혀 덮개를 씌우지 않고 그대로 둔다.

아티초크는 공기에 노출되면 빠르게 변색된다. 따라서 큰 볼에 물을 받아 2등분한 레몬으로 즙을 짜넣고 남은 레몬 조각까지 담가서 미리 준비해둔다. 72쪽의 설명대로 아티초크를 손질한다(줄기를 잘라내지 않고, 썰지 않은 채 통째로 둔다). 손질을 마친 아티초크는 곧장 레몬물에 담근다.

손질이 다 끝나면, 레몬물에 담가둔 아티초크를 물과 함께 소스팬에 한꺼번에 쏟는다(레몬 조각은 건져낸다). 아티초크의 줄기만 물 밖으로 나오도록 자리를 잡아준다. 여기에 소금 1ts을 넣고 뚜껑을 덮어서 30분쯤 뭉근하게 끓인다. 칼로 하나를 찔러 부드럽게 쑥 들어가면 다 익은 것이다. 아티초크를 건져서 세로로 6등분한다.

큰 냄비에 파스타 삶을 물을 팔팔 끓인다. 물이 끓을 동안 생선 소스를 만든다.

소테팬에 올리브유를 두르고 중간불로 달군다. 다진 파슬리와 마늘을 통째로 넣고, 이어 깍둑 썬 생선살도 넣는다. 소금과 페페론치노를 고루 뿌리고, 생선살을 약 3분 동안 재빨리 지진다. 뒤집개로 뒤집어가며 모든 면이 하얗게 될 때까지 익힌다.

익힌 아티초크를 추가해 생선살이 속까지 완전히 익을 때까지 고루 저어가며 볶는다. 소스가 완성되면 마늘은 건져낸다.

팔팔 끓는 소금물에 파스타를 넣고 4분쯤 삶는다. 한 가닥 건져서 먹어보고, 다 익었으면 슬로티드 스푼이나 체로 건져서 생선 소스와 섞는다. 파스타 삶은 물에 손질한 왕새우를 익힌다. 1분쯤 지나 분홍빛으로 변하면 다 익은 것이다. 새우를 건져서 파스타에 넣는다.

생선살, 파스타, 새우에 파르미자노 레자노 치즈 가루를 잘 섞어서 바로 식탁에 올린다. 이 요리는 특히 밝은 햇살 아래서 바로 먹어야 더 맛있다.

리나 할머니는 갓 제분한 시칠리아산 고급 듀럼밀로 타쿠나 파스타를 만든다. 고소한 견과류 향과 거친 식감이 매력적이기 때문이다. 가능하면 이와 비슷한 밀가루를 찾아보시라.

PESCHERIA Brunelli
594

로제타 할머니의

정어리 파스타

6인분

정어리 파스타(파스타 콘 레 사르데pasta con le sarde)를 접해본 사람들은 대부분 팔레르모에서 먹었을 것이다. 이 파스타는 해발 900m 고지에 자리한 칼타벨로타 마을의 향토 음식으로, 그곳 주민들이 농업과 어업을 겸했을 당시에 처음 만들어졌다고 한다. 이 요리는 3월 19일 성 요셉의 날(이탈리아에서 이날은 '아버지의 날'이기도 하다)과 부활절에 주로 먹는다. 정어리에 살이 오르고, 펜넬 잎이 무성할 시기가 바로 3월이기 때문이다.

이 요리의 레시피는 몇 단계로 나뉘는데, 일부는 직접 하지 않아도 된다. 예를 들어, 정어리는 깨끗이 손질하여 살만 발라낸 필레로 구입해도 좋다. 파스타도 시중에서 구입해 쓸 수 있다! 로제타 할머니는 루비델리ruvidelli라는 길고 가느다란 마카로니를 썼지만, 부카티니bucatini도 괜찮다. 로제타 할머니는 토마토 페이스트(시칠리아 방언으로 '스트라투'*라고 한다)도 직접 만들어 쓴다. 해마다 7월이면 소금을 뿌린 토마토 과육을 나무판자에 넓게 펼쳐서 햇볕에 4~5일 동안 말린다고 한다.

입자가 매우 고운 빵가루 150g
캐스터 슈거* 1TS
야생 펜넬 500g
양파 1개
엑스트라버진 올리브유 4TS
마늘 1쪽
앤초피 필레 6조각
토마토 파사타 200g
토마토 페이스트 수북하게 3TS
통통한 정어리 18마리(손질된 필레)
일반(다목적) 밀가루(덧밀가루용)
식물성 기름(지짐용)
마른 파스타 500g(루비델리 등)
소금

불에 달군 코팅 프라이팬(스킬릿)에 빵가루와 설탕을 넣고 잘 뒤적거리며 연갈색이 돌 때까지 볶아서 한쪽에 둔다.

큰 냄비에 물을 팔팔 끓여서 펜넬을 굵은 줄기가 부드럽게 물러질 때까지 10분쯤 삶는다. 슬로티드 스푼이나 체로 펜넬을 건져서 적당한 길이로 썬다. 펜넬 삶은 물은 파스타를 익힐 때 쓸 수 있으니 그대로 둔다.

넓은 소테팬에 올리브유를 두르고 간 양파를 넣고 7분쯤 볶다가 마늘 한 쪽을 통째로 넣는다. 1분 뒤, 앤초비를 넣고 나무 스푼으로 으깨서 녹인다. 토마토 파사타와 토마토 페이스트를 추가해 고루 풀어준 다음 삶은 펜넬까지 넣는다. 맛을 보고 소금으로 간을 맞춘다. 여기에 물 200ml를 붓고 약 1시간 동안 천천히 졸인다. 소스가 거의 완성될 즈음, 정어리 필레 6마리를 넣는다.

남은 정어리 12마리에 밀가루 옷을 얇게 입힌다. 작은 팬에 식물성 기름(로제타 할머니는 올리브유를 사용한다)을 넉넉히 붓고 가열한다. 할머니는 이쑤시개를 이용해 기름 온도를 확인한다. 이쑤시개 끝을 기름에 살짝 담갔을 때 바로 지글지글 소리가 나면 지질 준비가 된 것이다. 정어리를 한 번에 몇 마리씩 지져낸 다음 키친타월에 밭여 기름을 뺀다. 정어리 필레는 앞뒤로 각각 1분 정도만 지지면 충분히 익는다.

펜넬 삶은 물을 다시 팔팔 끓여 파스타를 넣고 포장지에 적힌 설명대로 익힌다. 건져낸 파스타를 곧장 토마토소스와 잘 섞는다.

따뜻하게 데운 서빙 접시에 파스타를 담고 정어리 튀김을 두 마리씩 올린다. 잘게 썬 펜넬과 빵가루 고명을 뿌려서 마무리한다.

베아트리체 할머니의

해산물 보리 마카로니

6인분

베아트리체 할머니는 이탈리아 반도의 남쪽 끝에 있는 파투라는 작은 마을에 산다. 병든 어머니를 대신해 열 살 때부터 학교를 그만두고 할머니를 도와 부엌일을 하며 동생들을 보살폈다고 한다. "난 음식 만드는 일이 좋았어요. 사람들에 대한 내 마음을 표현하고, 모두를 한데 모이게 할 수 있는 게 바로 음식이니까요. 지금도 해마다 봄이면 스위스에 사는 남동생과 북부에 사는 여동생이 고향을 찾아와요. 양귀비꽃이 피기 직전에요. 우리는 양귀비꽃을 따서 대여섯 번 깨끗이 씻은 다음 마늘과 함께 올리브유에 튀겨 걸쭉한 페이스트로 만들어요. 그리고 다 함께 둘러앉아 빵에 그 페이스트를 발라 먹죠. 우리 가족만 아는 천국의 맛이에요."

"내가 어릴 때는 큰 명절이나 몸이 아플 때만 고기와 생선을 먹을 수 있었어요. 지금도 난 콩이나 채소로 만든 음식이 가장 좋아요. 물론 파스타도요. 보릿가루는 반죽하기가 무척 힘든데, 세몰리나 가루를 약간 섞으면 훨씬 나아요."

베아트리체 할머니는 100퍼센트 보릿가루만으로 민키아레디minchiareddi(마카로니를 일컫는 이 지역 방언으로 '작은 페니스'라는 뜻이다!)를 만든다. 글루텐 함량이 낮은 보릿가루는 잘 뭉치지 않고 쉽게 부스러진다. 그래서 할머니가 경고한 대로 반죽하기가 매우 까다롭다. 현대식으로는 전분을 두 큰술 정도 섞으면 훨씬 반죽하기가 쉽다. 요리 초보라면 보릿가루와 고운 세몰리나 가루를 1:1 비율로 섞어 쓰자. 이렇게까지 해서 굳이 보릿가루를 써야 하는 이유는 무엇일까? 견과류처럼 고소한 향이 해산물과 잘 어울리기 때문이다.

베아트리체 할머니는 이 레시피에 '겨울 토마토'를 사용했다. 지난여름에 수확한 토마토를 그늘에 매달아둔 것인데, 껍질이 두꺼워서 7개월이 지나도 여전히 맛있었다.

민키아레디를 만들려면 (손잡이가 없는) 요리용 꼬치처럼 생긴 각진 막대기가 필요하다. 이탈리아 남부에서는 금속으로 만든 페레토ferretto라는 전용 도구를 판매한다. 하지만 이를 구하기는 힘드니 비슷한 무언가를 찾자. 재질은 나무든 금속이든 상관없다. 우산 살이나 요리용 꼬치, 마른 풀 줄기(52쪽 안젤라 할머니 레시피 참조), 잔가지(185쪽 비올레타 할머니 레시피 참조)도 좋다. 뜨개질용 대바늘처럼 표면이 매끈하고 둥근 막대기를 쓰면 반죽이 달라붙어서 불편할 것이다.

레시피는 다음 페이지에

파스타

보릿가루 500g
고운 세몰리나 가루 100g
물 270~300ml

해산물 라구

엑스트라버진 올리브유 4TS
다진 마늘 1쪽
세척 후 가늘게 썬 오징어 500g
세척 후 수염을 제거한 홍합 400g
대합 400g
왕새우 8마리
2등분한 생토마토 250g
화이트와인 100ml
소금

고명

다진 파슬리 4TS

보릿가루와 세몰리나 가루를 큰 볼이나 반죽판에서 고루 섞는다. 여기에 물을 조금씩 부으며 반죽을 시작한다. 이 반죽은 10분쯤 충분히 힘껏 치대야 한다. 반죽이 계속 부스러지면 세몰리나 가루를 좀 더 추가한다. 손에 쩍쩍 달라붙지 않는 매끈한 반죽이 완성되면 마른행주로 덮거나 뚜껑이 있는 볼에 담아 30분 동안 휴지시킨다.

반죽을 1덩이씩 잘라서 손바닥으로 밀어 밧줄처럼 길게 늘인다. 이것을 3cm 길이로 똑똑 자른 다음 반죽판에 한 조각씩 놓고 페레토를 가로로 올린 뒤 꾹 누른다. 오른손잡이의 경우, 왼손으로 페레토를 잡고 오른손 손바닥으로 왔다갔다 굴려서 반죽을 가운데가 비어 있는 튜브 모양으로 돌돌 만다. 튜브가 살짝 벌어져도 파스타 맛에 영향을 주지는 않으므로 신경 쓰지 말고 작업을 계속한다.

이제 해산물 라구 소스를 준비한다. 넓은 소테팬이나 웍에 올리브유를 두르고 마늘을 잠깐 볶다가 해산물, 토마토, 와인을 추가한다. 뚜껑을 덮고 5분 동안 찐다. 입이 벌어지지 않은 홍합과 대합은 빼버리고, 남은 해산물을 고루 뒤적거려 섞는다.

큰 냄비에 소금물을 팔팔 끓여 파스타를 넣는다. 4분쯤 지났을 때 익었는지 먹어본다. 민키아레디는 그다지 두꺼운 파스타가 아니므로, 체나 슬로티드 스푼으로 건져서 곧장 해산물 소스에 넣는다. 소금으로 간을 맞추고, 충분히 뒤적거려 고루 섞는다.

파슬리를 뿌려 곧장 식탁에 올린다. 치즈는 뿌리지 않는다.

돌돌 말아 가운데가 비어 있는
길쭉한 튜브 모양으로 만든다.

반다 할머니의
새우 탈리올리니

4인분

이탈리아에서 내가 가장 좋아하는 레스토랑은 '라 카파나 디 에라클리오'다. 에라클리오의 오두막이라는 뜻의 이 레스토랑은 포 델타 한가운데 자리하고 있다. 도로와 배수로가 나란히 이어져 있는 이 일대는 지구가 둥글게 휘어진 부분까지 보일 만큼 끝없이 펼쳐진 하늘이 인상적이다. 얼마 전만 해도 이곳은 넓은 들판에서 일하는 사람들로 북적였고, 에라클리오 가족의 집은 들판의 한 모퉁이에 있었다. 그들의 생활 형편은 몹시 어려웠다. 비둘기 한 마리로 여덟 식구의 끼니를 만들어야 했고, 집안에 먹을 것이 부족하다는 사실을 잊으려 일부러 노래를 따라부를 때도 있었다.

에라클리오 가족은 어떻게든 돈을 벌어야 했다. 그래서 먼저 동네에 작은 알리멘타리alimentari(식품점)를 열었다. 한 형제는 자전거 수리점에서 일했고, 자매는 미용사가 되었다. 알리멘타리에서는 간단한 점심 식사를 만들어 팔기 시작했는데, 이를 계기로 차츰 레스토랑으로 바뀌게 되었다. 현재는 미슐랭 별 한 개를 받은 유명 레스토랑이지만, 분위기나 인테리어는 여전히 소박하고 아늑하다. 반다 할머니는 에라클리오 집안의 며느리다. 만투아 출신의 젊은 새댁은 시집을 오자마자 레스토랑 주방에서 일했다.

올해 여든아홉 살인 반다 할머니는 지금도 여전히 생선 굽는 화덕에 석탄을 쌓고 매일 아침 파스타를 만든다. 지난 60년 동안 이어져온 그녀의 루틴이다. 반다 할머니의 딸이자 셰프인 마리아 그라치아 씨는 이 일대에 흔한 갑각류인 카노키에canocchie(갯가재)로 소스를 만든다. 카노키에의 맛과 향은 왕새우와 비슷하지만, 육질이 약간 더 부드럽다. 아드리아해 연안에 살지 않는 독자라면 카노키에 대신 주변에서 구하기 쉬운 제철 새우를 쓰면 된다. 반다 할머니와 마리아 씨는 탈리올리니가 해산물 소스와 잘 어울린다고 말한다. 이들이 만드는 탈리올리니는 매우 얇고 폭은 3mm 정도다. 날이 잘 선 길고 네모진 칼을 사용하면 썰기가 더 쉽다.

레시피는 다음 페이지에

파스타

고운 세몰리나 가루 400g

달걀 4개

새우 소스

왕새우 또는 생물 갯가재 800g

펜넬 씨 가루 ½ts

아니제트 2TS

각얼음

엑스트라버진 올리브유 2TS

붉은 칠리 페퍼 1개(양은 취향에 따라 조절)

마늘 1쪽

소금

고명

다진 파슬리

18쪽의 설명대로 달걀과 세몰리나 가루를 이용해 매우 탄력 있는 파스타 반죽을 만든다. 전통적으로 이탈리아 북부에서는 부드러운 연질밀로 파스타를 만들었다.

반죽을 1mm 두께로 넓게 민 다음 살짝 마르도록 그대로 둔다. 시간은 주방 온도와 습도에 따라 달라진다. 이 단계를 거치지 않으면 반죽이 쩍쩍 달라붙고, 돌돌 말 때 갈라질 수 있다. 반다 할머니는 천장의 환풍기를 틀어놓고 10분 동안 말린다.

반죽 표면에 덧밀가루를 충분히 묻힌다. 양쪽 가장자리부터 돌돌 말아서 가운데서 만나게 한 다음 반으로 접는다. 반죽을 가로로 돌려놓고 날이 잘 선 기다란 칼로 약 3mm 폭의 끈 모양으로 착착 썬 다음, 살살 흔들어 접힌 것을 풀어준다. 완성된 탈리올리니는 4인분으로 나누어 동그랗게 똬리를 틀듯 뭉쳐서 반죽판에 그대로 두고, 소스를 준비한다.

끓는 물에 새우를 넣고 분홍빛으로 변할 때까지 1분쯤 데쳐서 건진다. 새우가 어느 정도 식으면 껍데기를 벗긴다(갯가재는 가위로 등딱지 양쪽을 갈라서 살을 발라낸다).

새우 껍데기나 갯가재 등딱지를 소스팬에 담고, 펜넬 씨 가루와 아니제트를 넣는다. (천천히 끓게 해서 풍미를 끌어내는 방법으로) 그 위에 각얼음을 수북하게 올리고 뚜껑을 덮은 뒤 약한 불로 45분쯤 푹 끓여 스톡을 우려낸다. 체에 밭여 건더기는 버리고 국물만 다시 졸여서 약 100ml의 진한 스톡으로 만든다.

큰 냄비에 파스타를 삶을 소금물을 팔팔 끓인다. 서빙 접시 4개도 미리 따뜻하게 데워둔다. 물이 끓을 동안, 넓은 프라이팬에 올리브유를 두르고 약불로 달군 뒤 마늘과 칠리 페퍼를 넣어 3~4분 동안 향을 낸다. 마늘 색깔이 노릇노릇해지기 시작하면 바로 건져낸 뒤, 새우살과 스톡을 넣고 30초쯤 재빨리 볶는다.

팔팔 끓는 물에 파스타를 넣고 1분 뒤 바로 건져서 새우 소스에 섞는다. 파스타가 완전히 익도록 1분쯤 더 볶은 다음, 간을 맞춘다. 따뜻하게 데운 접시에 파스타를 담고 파슬리 가루를 뿌려 곧바로 식탁에 올린다.

한 손으로 페레토를 잡고, 다른쪽 손바닥으로 살살 돌려
반죽이 페레토에 말리게 한다.

로자 할머니의

염장 대구와 칠리 페퍼로 맛을 낸 마카로니

6인분

로자 할머니는 이탈리아 남부 바질리카타 주에 있는 산골 마을 산타르칸젤로의 구시가지에 산다. 할머니는 높은 골짜기 위의 텃밭과 과수원에서 직접 키운 과일과 채소를 시장에 내다파는 콘타디나contadina다.

고추와 염장 대구의 특이한 조합은 17세기부터 이어져온 레시피가 분명하다. 당시 바질리카타의 부잣집에서는 고기를 먹지 않는 날에 이 요리를 대신 먹었다. 요즘에는 시중에서 염장 대구를 쉽게 구할 수 있다. 만일 대구의 상태가 낡은 가죽 구두처럼 뻣뻣하다면, 찬물에 푹 담근 뒤 4~6시간마다 물을 갈아가며 이틀 정도 두어야 한다. 기름에 튀긴 붉은 건고추는 과자처럼 먹거나 다른 음식에 뿌려도 좋다.

파스타

고운 세몰리나 가루 600g

물 270~300ml

바칼라(대구)

엑스트라버진 올리브유 4TS

마늘 2쪽

페페로니 크루스키* 또는 붉은 건조 칠리 페퍼 6개

염장 대구 500g(이틀간 물에 담갔다가 성냥갑 크기로 자른 것)

페페로니 크루스키 또는 비훈제 파프리카 가루 2TS

염장 앤초비 6마리(가시 제거 후 물에 헹궈 썬 것)

21쪽의 설명대로 파스타 반죽을 만들어서 30분 동안 휴지시킨다. 반죽을 한 줌 떼어 손바닥으로 밀어서 지름 약 1cm의 밧줄 모양으로 길게 늘인 다음, 3cm 길이로 똑똑 썬다. 로자 할머니는 이렇게 자른 조각에 페레토를 대고 가볍게 말아 마카로니를 만든다. 오른손잡이의 경우, 왼손으로 페레토를 잡고, 오른손 손바닥으로 페레토를 앞뒤로 살살 굴려 반죽이 페레토에 말리게 한다. 완벽한 튜브 형태의 마카로니가 되지 않아도 상관없으니 남은 반죽을 다 쓸 때까지 같은 방식으로 계속 반복 작업한다. 완성된 파스타는 마른행주 위에 넓게 펼쳐놓고 살짝 말린다.

큰 냄비에 파스타를 삶을 소금물을 끓인다. 그동안 넓은 프라이팬(스킬릿)에 올리브유를 두르고 약간 달구어지면 곧바로 마늘과 건고추를 차례로 넣는다. 건조 칠리 페퍼는 금세 바삭해지므로 바로 꺼내 키친타월 위에 펼쳐놓고 기름을 뺀다.

칠리 페퍼를 튀겨낸 기름에 염장 대구를 넣고 5분쯤 지지다가 마늘을 건져낸다. 대구를 속까지 익히는 동안 파스타를 끓는 물에 넣어 5분 동안 삶는다. 슬로티드 스푼으로 대구를 건져 한쪽에 놓고, 그 기름에 파프리카 가루를 넣어 볶는다. 여기에 건져낸 파스타를 넣고, 파스타 삶은 물도 한 국자 추가해서 2분쯤 더 끓인다. 대구를 잘게 썬 앤초비와 함께 다시 프라이팬에 넣고 고루 섞는다.

파스타를 접시에 담고 바삭하게 튀긴 칠리 페퍼를 부수어 고명처럼 올린다.

테레자 할머니가 사는 풀리아 주 남쪽 끝 해안에서는 홍합이 많이 잡힌다. 할머니는 입을 꽉 다문 홍합을 크게 힘들이지 않고 여는 재주가 있다. 그래서 껍데기를 까지 않은 싱싱한 홍합을 사서 요리하기를 좋아한다. 아래에 소개할 할머니의 방식이 홍합 손질법의 정석은 아니다(적어도 영국에서는 그렇다). 하지만 올해 아흔세 살인 테레자 할머니는 지금까지 이 방식을 잘 써왔다. 마리타티 maritati는 이탈리아어로 '결혼한'이라는 뜻이다. 이탈리아에서는 남녀의 생식기 모양과 비슷한 오레키에테와 민키아레디를 섞어 만든 파스타에 마리타티라는 명칭을 붙인다. 두 파스타 중 한 가지만 써도 되지만, 섞어서 쓰면 더 재미있다. 홍합의 조리법은 알고 보면 매우 간단하지만, 일반 가정에서는 선뜻 엄두가 나지 않을 수도 있다. 그냥 껍데기가 깨져 있거나 톡톡 건드렸을 때 입을 다물지 않는 홍합만 찾아내면 된다. 이런 홍합은 싱싱하지 않은 것이므로 버려야 한다.

테레자 할머니의

홍합 마리타티 파스타

4인분

파스타

세몰리나 가루 400g

따뜻한 물 180~200ml

홍합 소스

싱싱한 홍합 2kg

엑스트라버진 올리브유 4TS

마늘 3쪽

얇게 슬라이스한 청 칠리 페퍼 1개

토마토 파사타 500ml

소금 1ts

고명

다진 파슬리 2TS

21쪽의 설명대로 파스타 반죽을 만든다. 반죽의 절반으로 오레키에테를 만든다. 반죽을 손바닥으로 굴려 1cm 지름의 길쭉한 소시지처럼 만든 다음 1cm 길이로 똑똑 썬다. 날이 무딘 작은 칼의 옆면으로 반죽 조각의 몸에서 먼 쪽 모서리를 살짝 누르며 끌어당겨서 반죽을 둥글게 만다. 이어 칼에서 조심스럽게 떼어내면서 엄지를 반죽 안쪽으로 넣어 둥글게 말린 반죽을 뒤집는다. 썰어둔 반죽 조각을 다 쓸 때까지 이 과정을 계속 반복한다. 남은 절반의 반죽으로는 139~140쪽을 참조해 민키아레디를 만든다.

다음은 홍합 소스를 준비한다. 홍합 가운데 껍데기가 깨졌거나 두드렸을 때 입을 다물지 않는 것은 골라내 버린다. 껍데기에 붙은 수염 같은 털도 깨끗이 긁어낸다. 손을 다칠 수 있으므로 홍합을 손질할 때는 마른행주로 꽉 움켜잡자. 큰 홍합은 미리 껍데기를 까서 살을 반으로 잘라 써도 좋다. 입을 꽉 다문 홍합을 열 때는 껍데기가 맞물린 틈새로 칼끝을 조금씩 밀어넣고 좌우로 살살 움직이며 벌린다. 이때 홍합이 계속 수평을 유지해야 안의 즙이 쏟아지지 않는다. 홍합의 입을 연 다음에는 즙을 그릇에 따로 모으고 살을 칼로 떼어낸다. 나머지 홍합도 같은 방식으로 손질하되, 장식용으로 쓸 8마리는 살을 발라내지 말고 한쪽 껍데기만 떼어 버린다. 홍합을 껍데기째로 조리하고 싶다면, 뚜껑이 있는 큰 소스팬에 올리브유 1TS을 두르고 중강불로 달군다. 기름이 뜨거워지면 홍합을 한꺼번에 넣고 뚜껑을 덮은 뒤 3분쯤 익힌다. 싱싱한 홍합은 이 정도면 입이 다 열린다. 팬을 불에서 내리고 한 김 식힌 다음 8마리를 뺀 나머지 홍합의 살을 발라낸다. 팬에 남은 국물은 따로 모아둔다.

프라이팬(스킬릿)에 남은 올리브 3TS을 넣고 중간불에 올린 뒤 2등분한 마늘과 청고추를 넣어 향을 낸다. 이어 토마토 파사타와 소금을 넣고 고루 저어준 다음 약 20분 동안 뭉근하게 끓인다.

소스가 끓는 동안, 큰 냄비에 소금물을 팔팔 끓여 파스타를 넣고 삶는다. 5분쯤 지나면 익었는지 먹어보고 건져낸다.

토마토소스에 생홍합살을 즙과 함께 넣고 그 위에 껍데기에 붙은 홍합을 올린다. 3분쯤 끓인 뒤 마늘을 건져낸다. 미리 익혀둔 홍합이라면 토마토소스와 파스타를 버무리기 직전에 소스에 넣어 고루 섞어준다.

커다란 서빙 접시에 소스에 버무린 파스타를 담고 다진 파슬리를 뿌린다. 그 위에 껍데기에 붙은 홍합을 보기 좋게 올려서 곧바로 먹는다!

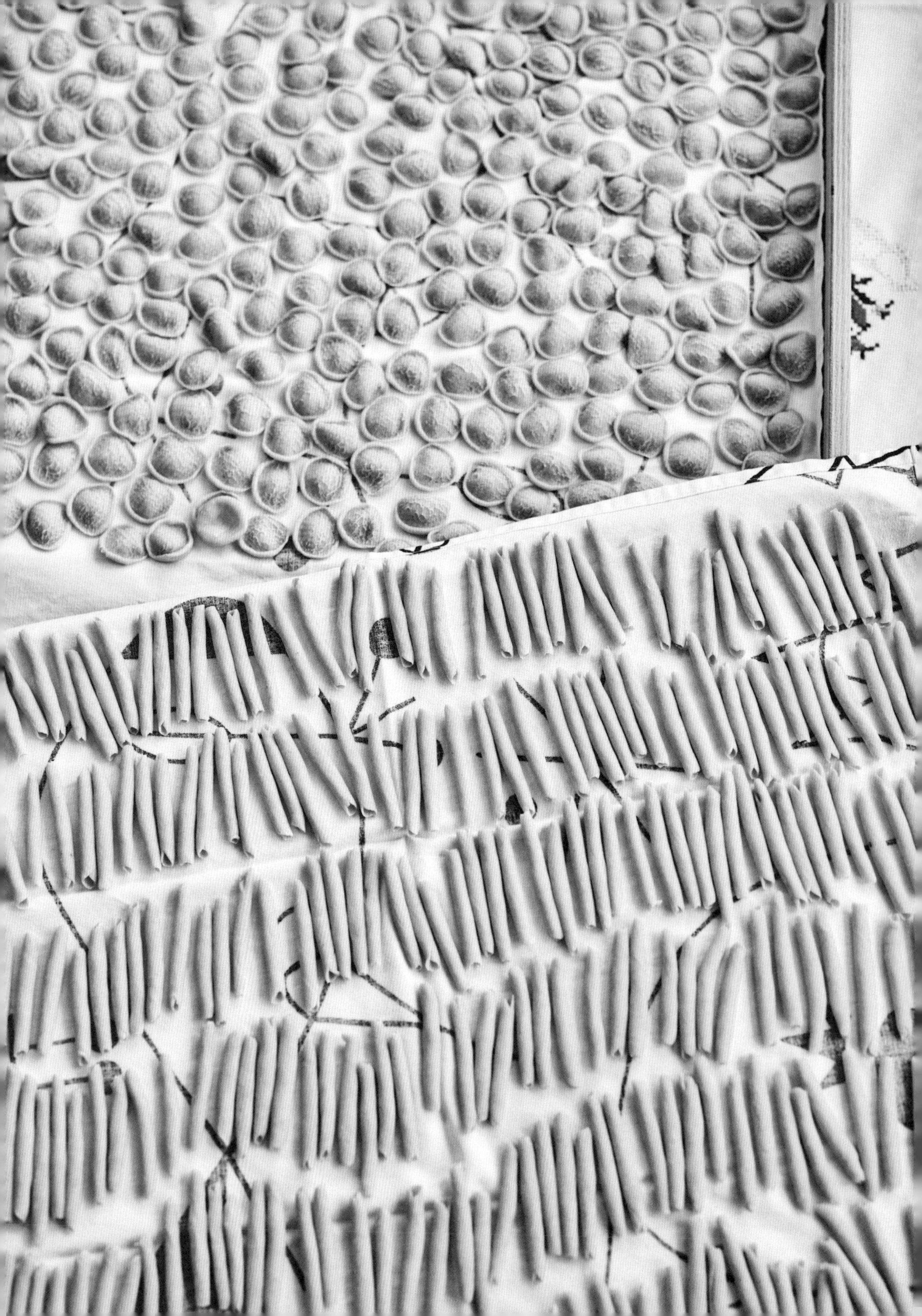

6

육류

과거에 육류는 대다수 사람들은 먹기 힘든 귀한 재료였다. 그래서 이번 장에서 소개할 레시피들은 원래 1년에 한두 번, 결혼식이나 부활절, 크리스마스 같은 특별한 날에 먹는 요리였다. 여기서 파스타는 귀한 재료를 한층 돋보이게 만드는 역할을 했다. 요즘은 가정에서 파스타를 자주 만드는 만큼 이 요리들을 접할 기회도 많다. 이번 장에는 이탈리아 전역에서 찾아볼 수 있는 다양한 조리 방식과 고기 종류가 모두 나오니 기대해도 좋다.

프란카 할머니의

볼로냐식 클래식 라자냐

8인분

프란카 할머니는 볼로냐 남쪽 구릉지에서 유기농 채소를 키워 판매하는 콘타디나다. 유기농 농법을 실천하는 만큼 파스타를 만들 때도 맷돌로 간 고급 듀럼밀을 즐겨 사용한다. 이렇게 만든 파스타는 거친 식감이 매력적이다. 사실 프란카 할머니는 원래 섭외된 다른 할머니가 우리를 만나기 직전 어깨를 다치는 바람에 급하게 대신 출연하게 되었다. 우리 채널의 주인공인 할머니들은 촬영을 앞두고 갑자기 마음이 바뀌거나 몸이 편찮으실 때가 종종 있다. 심지어 우리가 도착하기 전 부엌을 청소하려다 허리를 다친 분도 있었다. 준비 기간이 평소보다 짧았지만 프란카 할머니는 놀랄 만큼 침착한 태도로 라자냐 레시피를 멋지게 소개해주었다. "이 요리의 주인공은 파스타라는 걸 꼭 기억해야 해요. 라구 소스는 조연일 뿐이죠. 그러니까 라자냐를 조립할 때 소스를 너무 많이 넣어선 안 돼요. 파스타를 적어도 5장 이상 층층이 쌓아야 진짜 볼로냐식 라자냐라고 할 수 있어요."

파스타
00밀가루 또는 일반(다목적) 밀가루 400g
달걀 4개

라구 소스
엑스트라버진 올리브유 4TS
잘게 썬 셀러리 3줄기
잘게 썬 당근 2개
잘게 썬 양파 1개
비훈제 판체타* 150g
간 소고기 500g
간 돼지고기 500g
화이트와인 75ml
토마토 파사타 680g
소금

베샤멜소스
버터 60g
다목적 밀가루 60g
우유 1L
너트메그 가루 약간(취향에 따라 조절)
소금, 후추

라자냐 조립
파르미자노 레자노 간 것 넉넉히

먼저 라구 소스를 만든다. 팬에 올리브유를 넣고 중불로 달군 뒤 셀러리, 당근, 양파를 넣는다. 양파가 투명해지고 나머지 채소도 무르기 시작할 때까지 살살 저어가며 볶는다.

프란카 할머니는 메찰루나mezzaluna(손잡이가 2개 달린 다지기 전용 칼)를 사용해 판체타를 곤죽에 가까울 만큼 곱게 다져서 볶은 채소와 섞는다. 이어서 간 소고기와 돼지고기, 와인을 차례로 넣고, 소금 간을 한다. 나무 스푼으로 뭉친 고기를 부숴가며 와인이 다 증발할 때까지 볶는다. 토마토 파사타를 붓고 중간에 자주 저어가며 2시간 동안 뭉근하게 끓인다. 거의 완성된 라구 소스는 검붉고 걸쭉하며, 토마토의 산미는 사라지고 단맛이 난다.

라구 소스를 끓이는 동안, 18쪽의 설명대로 달걀 파스타 반죽을 만든다. 반죽을 1mm 두께로 넓게 민 다음, 적당한 넓이의 직사각형으로 자른다. 베이킹 접시(40×30×7cm) 크기의 ⅓~½ 정도면 된다.

이번에는 베샤멜소스를 만들 차례다. 소스팬에 버터를 녹인 다음 밀가루를 넣고 계속 휘저어 섞은 뒤 2분쯤 더 익혀 화이트 루를 만든다. 여기에 우유를 천천히 조금씩 나누어 부으면서 멍울이 생기지 않도록 거품기로 계속 휘저어준다. 우유를 다 붓고 난 뒤에도 계속 저어가며 커스터드처럼 걸쭉한 농도가 될 때까지 끓인다. 즉석에서 간 너트메그 가루와 소금, 후추로 양념해서 한쪽에 둔다.

라구 소스가 완성되면, 파스타를 삶는다. 큰 냄비에 소금물을 끓이고, 찬물 한 바가지를 옆에 준비한다. 팔팔 끓는 물에 파스타 2~3장을 조심스럽게 넣고 2분쯤 익힌 뒤 슬로티드 스푼으로 건져서 재빨리 찬물에 담근다. 이렇게 식힌 파스타는 깨끗한 마른행주 위에 놓고 톡톡 두들겨 물기를 말린다.

오븐을 180℃로 예열하고, 라자냐를 조립한다. 먼저 베이킹 접시 바닥에 라구 소스를 얇게 깔고, 그 위에 파스타를 1장 올린다. 빈 공간은 반죽을 딱 맞게 오려서 메워주는 것이 반죽을 겹치게 덮는 것보다 낫다. 이어 다시 라구 소스를 넉넉히 깐다. 스푼 뒷면으로 모서리 부분까지 고루 펴바른다. 그 위에 베샤멜소스를 한 겹 바르고, 치즈 가루를 듬뿍 뿌린다. 준비된 소스와 파스타를 다 쓸 때까지 이 과정(파스타–라구–베샤멜소스–치즈)을 계속 반복한다. 파스타를 적어도 다섯 겹 이상 쌓고, 맨 위층에 치즈를 뿌리는 것으로 마무리한다.

라자냐를 예열된 오븐에서 40분 동안 굽는다. 오븐에서 꺼낸 라자냐는 15분 이상 식힌 다음 칼로 1인분씩 썬다.

알바 할머니의

라구 소스 탈리아텔레

4인분

이 책을 읽는 여러분은 아마 자신만의 스파게티 볼로녜제* 레시피를 가지고 있을 것이다. 맛있는 스파게티 볼로녜제는 전 세계에서 인기 있는 파스타다. 하지만 이탈리아에서만큼은 이 요리를 찾아보기 힘들다. 이곳 사람들에게 라구 소스의 짝꿍은 스파게티가 아닌 탈리아텔레이기 때문이다. 그래서 유능한 와인 제조업자인 빈센초 베르노키에게 자신의 할머니가 탈리아텔레 알 라구tagliatelle al ragù를 잘 만든다는 말을 들었을 때, 우리는 당장 약속을 잡았다.

알바 할머니는 은은하게 수놓인 암청색 원피스에 베르사체 운동화, 늘어진 귀걸이, 터키석 목걸이로 꾸민 멋진 차림새로 우리를 맞이해주었다. 할머니는 젊은 시절부터 패션에 관심이 많았다. 첫 직장도 당시 많은 젊은 여성들이 그랬듯이 양장점이었다. 올해 여든여섯 살인 알바 할머니의 패션은 편하면서도 세련된 스타일의 좋은 예다.

그러나 할머니는 열여섯 살 나이에 결혼하면서 패션 업계 경력을 더는 이어갈 수 없었다. 우선 남편의 농장 일을 거들어야 했기 때문이다. 그들은 부업으로 아그리투리스모*를 운영하며 투숙객들에게 음식을 제공했는데, 이 사업이 날로 번창하면서 결국 농장 일은 접고 레스토랑에 집중하게 되었다. 알바 할머니의 레스토랑은 아드리아 해안 근처의 소도시인 체제나 외곽에 있었다.

알바 할머니는 요리를 만들면서 자신만의 몇 가지 팁을 소개해주었다. 첫번째는 라구 소스에 우유를 넣는 것이다. 이는 그 지역 요리사들이 대부분 활용하는 팁이다. 우유는 라구 소스에 크리미하고 달콤한 맛을 더해서 토마토의 산미를 중화시킬 수 있다. 두번째 팁은 캔 홀토마토를 갈아서 토마토 파사타를 만들라는 것이다. 품질 좋은 캔 홀토마토는 상처나 흠이 없는 토마토로 만들기 때문이다. 세번째는 파스타 반죽이 너무 부드러울 경우, 넓게 민 반죽에 파르미자노 레자노 치즈 가루를 고루 뿌리면 둘둘 말았을 때 서로 달라붙지 않는다는 것이다. 알바 할머니는 파스타 반죽에 덧밀가루를 많이 뿌리는 걸 좋아하지 않는다.

사실 '탈리아텔레 알라 볼로녜제'는 1972년 볼로냐 상공회의소에 등록된 공식 레시피가 있다. 이 레시피에서는 소스에 레드와인 반 잔을 넣는다. 알바 할머니는 레드와인을 넣지 않지만, 선택 사항인 것만은 분명하므로 이 책에서도 포함시켰다. 재료는 조금씩 바꾸어도 된다. 그러나 오랜 시간 뭉근하게 끓이는 것은 맛있는 라구 소스를 위해 꼭 지켜야 할 핵심 포인트다.

레시피는 다음 페이지에

파스타 반죽이 너무 부드러울 경우, 넓게 민 반죽에
파르미자노 레자노 치즈 가루를 고루 뿌리면
둘둘 말았을 때 서로 달라붙지 않는다.

파스타

00밀가루 또는 일반(다목적) 밀가루 400g
달걀 4개

라구 소스

다진 비훈제 판체타* 150g
잘게 썬 당근 1개
잘게 썬 셀러리 1줄기
잘게 썬 양파 1개
간 소고기 200g
다진 돼지고기 200g
레드와인 약 125ml
캔 홀토마토 400g(산마르자노 또는 체리토마토)
토마토 페이스트 1TS
우유 150ml
월계수 잎 1장
너트메그 가루 약간(취향에 따라 조절)
소금

고명

파르미자노 레자노 치즈 간 것

18쪽의 설명대로 달걀 파스타 반죽을 만든다. 반죽을 넓게 밀어 5분쯤 말린 다음, 카펫처럼 둘둘 말아 약 7mm 폭의 끈 모양으로 착착 썬다. 다루기 쉽도록 똬리를 틀어 정리하고 싶다면, 접힌 끈을 네 가닥씩 들고 살살 흔들어 풀어준 뒤 손가락 하나에 걸치고 늘어진 여덟 가닥의 끝을 한꺼번에 움켜잡는다. 이 상태에서 리본을 손에 감아 똬리를 틀고 끝부분은 안쪽으로 집어넣는다. 이렇게 하면 리본 끝부분이 쉽게 마르지 않는다.

캐서롤이나 깊은 소테팬을 중간불로 뜨겁게 달군 다음, 판체타를 기름이 녹아나올 때까지 볶는다. 여기에 당근, 셀러리, 양파를 넣고 10분쯤 푹 무르게 볶는다. 이어서 남은 고기를 모두 넣고 뭉치지 않게 잘 부수어 갈색이 돌게 익힌다. 와인을 넣으려면 이때 붓는다. 와인이 다 증발되면 핸드믹서로 곱게 간 홀토마토와 토마토 페이스트, 우유 절반, 월계수 잎, 즉석에서 간 너트메그 가루를 넣고 고루 섞는다. 이것을 약한 불에서 2시간 동안 뭉근하게 끓인다. 농도가 너무 되직해 보이면 남은 우유로 조절한다. 2시간 뒤, 스푼을 소스에 밀어넣었을 때 팬 바닥이 잠깐 보였다가 사라지면 다 된 것이다.

큰 냄비에 물을 팔팔 끓여 소금 2ts을 넣는다. 물이 다시 끓어오르면 파스타를 넣고 한번 휘저은 뒤 1분 후에 익은 상태를 확인한다. 이 파스타는 2분 이상 익히면 안 된다. 파스타를 건져서 소스와 섞는다. 파스타 표면에 소스를 고루 묻히는 정도로 그쳐야지 파스타가 소스에 파묻혀서는 안 된다.

완성된 파스타를 서빙 접시에 담아 파르미자노 레자노 치즈 가루를 듬뿍 뿌린다.

토니나 할머니의

집시 소스에 버무린 가르가넬리

4~5인분

토니나 할머니는 가르가넬리garganelli 달인이다. 사그라 지역에서 열리는 음식 축제 때도 수백 명이 먹을 파스타를 뚝딱 만들어낸다.

가르가넬리는 사람의 코에서 폐까지 이어지는 기도처럼 생긴 파스타다. 손으로 만든 펜네와 비슷하기 때문에 이 레시피에서 펜네로 대체할 수 있고, 간단한 평일 저녁 식사를 급히 준비해야 할 때도 유용하다. 토니나 할머니는 씨를 제거하지 않은 품질 좋은 그린 올리브를 구입해서 직접 씨를 빼서 쓸 것을 추천한다. 올리브는 인위적으로 물들이지 않은 것이어야 한다. 유난히 밝은 녹색을 띠는 것은 화학적 처리 과정을 거친 올리브라 맛이 떨어진다.

예전에는 반죽을 작은 직조기 같은 틀(이탈리아에서는 페티네pettine라고 부른다)에 대고 굴려서 가르가넬리를 만들었다. 하지만 오늘날 이런 도구는 앤티크숍에서나 겨우 찾아볼 수 있기 때문에 카바텔리를 만들 때 쓰는 골무늬 보드를 대신 사용해도 좋다. 페티네만큼 무늬가 섬세하게 찍히지는 않아도 모양은 여전히 예쁜 데다 맛의 차이도 전혀 없다.

파스타
00밀가루 또는 일반(다목적) 밀가루
달걀 4개

집시 소스
판체타* 200g
잘게 썬 양파 1개
슬라이스한 양송이버섯 150g
그린 올리브 50g(씨를 뺀 무게)
토마토 파사타 400g
페페론치노 또는 카옌페퍼 약간
소금

고명
파르미자노 레자노 치즈 간 것(선택)

18쪽의 설명대로 파스타 반죽을 만든다. 반죽을 넓게 민 다음 사방 5cm 정사각형으로 자른다. 카바텔리 보드에 자른 반죽 한 조각을 마름모꼴로 놓는다. 가느다란 막대를 몸 쪽 모서리 가까이에 올리고, 한쪽 손으로 막대를 살짝 누르면서 반죽 모서리를 막대 위로 접어 돌돌 만다. 반죽을 튜브 모양으로 단단히 아물리려면 마름모 끝 쪽 모서리가 바닥에 깔렸을 때 살짝 힘을 주어 누른다. 이 작업은 어렵지 않지만, 여럿이 함께 하면 더 쉽다!

판체타를 사방 1cm 이하로 깍둑 썰어 소테팬에 넣고 볶는다. 기름이 녹아나오면 양파를 넣고 무를 때까지 5분 정도 익힌다. 이어 양송이버섯, 올리브, 토마토 파사타, 페페론치노 또는 카옌페퍼를 넣고 약 20분 동안 뭉근하게 끓인다. 10분쯤 지났을 때 맛을 보고 소금 간을 더한다(추가할 소금의 양은 올리브의 염도에 따라 달라진다).

큰 냄비에 소금물을 팔팔 끓여서 가르가넬리를 넣고 물이 다시 끓어오른 시점부터 3~5분쯤 더 삶는다. 시간은 가르가넬리의 두께에 따라 조절한다. 익었는지 맛을 보고, 약간 쫄깃할 때 건져서 소스와 고루 섞는다.

완성된 파스타를 서빙 접시에 담고, 원할 경우 파르미자노 레자노 치즈 가루를 뿌린다.

달걀 파스타 반죽은 적은 양보다 많은 양을 만드는 게 더 쉽다.

파스콸리나 할머니의

오븐에 굽는 타란토식 라자냐

4~6인분

나는 토리노에서 열린 친선 라자냐 만들기 대회에 초대받아 촬영을 나갔다. 이 대회는 '미라피오리 수드(토리노 교외의 소도시)에서 늙어가기'라는 프로젝트의 일환으로, 고층 아파트에 둘러싸인 어느 공원 끝자락에 있는 사회복지 센터에서 열렸다. 네 팀으로 나뉜 스무 명의 여성들이 한 주방에 모여 각자 3코스로 구성된 식사를 준비하느라 여념이 없었지만, 모두 밝은 표정이었다. 대부분의 참가자들과 마찬가지로 파스콸리나 할머니 역시 이탈리아의 타 지역에서 태어났지만 젊은 시절 일자리를 찾아 토리노에 온 이후 아예 정착한 경우였다. 현재 그녀는 고향인 풀리아 주 타란토로 돌아갈 생각이 전혀 없다. "이제는 가족 모두가 이곳에 사니까요."

파스콸리나 할머니는 라자냐 시트를 직접 만들지 않은 것을 미안해하며 약간 부끄러운 듯 말했다. "어제 손주들을 보살피느라 바빴거든요." 이렇게 시간이 부족할 때는 시중에서 파는 라자냐 시트를 사용해도 좋다. 하지만 '삶지 않고 바로 사용 가능한' 라자냐 시트는 이 레시피에 쓰지 말자. 타란토식 라자냐는 풀리아 주의 향토 음식으로 원래는 남은 음식을 활용하기 위해 만들었다. 그러나 요즘은 다양하고 풍성한 재료와 손이 많이 가는 미트볼이 합쳐진 대표적인 '파티 요리'로 인식된다.

우연인지 마우로 울리아시라는 이탈리아 셰프도 내게 튀김용 기름으로 미강유를 추천했다. 미강유는 향이 없고 발연점이 높아서 최근 이탈리아에서 널리 사용된다.

레시피는 다음 페이지에

파스타

고운 세몰리나 가루 300g
미지근한 물 150ml

미트볼

곱게 다진 송아지고기(또는 소고기) 250ml
간 돼지고기 150g(품질 좋은 소시지 고기로 대체 가능)
다진 파슬리 1TS
페코리노 치즈 또는 파르미자노 레자노 치즈 간 것 30g
미강유 또는 기타 식물성 기름(튀김용)
간 소고기 150g

토마토소스

엑스트라버진 올리브유 4TS
굵게 다진 양파 1개
다진 마늘 1쪽
깍둑 썬 당근 1개
깍둑 썬 셀러리 1줄기
간 소고기 50g(토마토소스 맛에 깊이를 더하기 위한 것)
대충 썬 로즈메리 1TS
소금 1ts
캔 홀토마토 400g짜리 2개

라자냐 조립

햄 250g(얇게 슬라이스해서 굵게 채 썬 것)
깍둑 썬 모차렐라 치즈 450g
달걀 3개
페코리노 치즈 간 것 50g + 추가분(마무리용)

이 라자냐는 서로 다른 세 가지 요소로 구성되며 각자 원하는 대로 구성할 수 있다. 여기서는 소스가 끓는 동안 파스타를 만들 것을 제안한다.

먼저 미트볼을 준비한다. 블렌더에 송아지고기, 돼지고기, 파슬리, 치즈를 함께 넣고 곱게 간 다음, 반죽이 끈적이지 않도록 30분 동안 냉장한다. 손에 물을 묻힌 뒤 반죽을 조금씩 떼어 지름 1.5~3cm 정도의 구슬 같은 크기로 동그랗게 빚는다. 이 레시피의 재료 분량대로 만들 경우, 구슬 크기의 미트볼 약 50개가 나온다.

큰 프라이팬(스킬릿)에 기름을 바닥이 완전히 메울 만큼 넉넉히 붓고, 약하게 끓기 시작할 때까지 달군다. 미트볼을 몇 개씩 나누어 튀긴다. 한 번에 너무 많이 넣으면 노릇노릇하게 튀겨지지 않으니 주의한다. 색깔이 나기 시작하면 바로 건져서 키친타월에 올려 기름을 뺀다. 남은 소고기 간 것도 볶아서 한쪽에 둔다.

토마토소스를 만든다. 큰 소스팬에 올리브유를 넣고 달군 뒤 양파, 마늘, 당근, 셀러리를 푹 무르게 익힌다. 이어 소고기 간 것을 추가해 중간불로 갈색이 나게 볶는다. 로즈메리를 넣고 소금 간을 한 다음, 홀토마토를 넣고 스푼 뒷면으로 꾹꾹 눌러 으깬다. 빈 토마토 캔에 물을 가득 담아서 소스팬에 붓고 약 40분 동안 뭉근하게 끓인다. 소스가 충분히 졸아서 걸쭉해지면 마지막으로 간을 맞춘다.

소스가 끓는 동안 21쪽의 설명대로 파스타 반죽을 만든다. 반죽을 약 2mm 두께로 얇게 민 다음, 라자냐를 구울 오븐용 그릇 크기의 3분의 1쯤 되는 직사각형으로 자른다. 오븐용 그릇은 30×40cm 정도 크기에 깊이가 있어야 한다.

큰 냄비에 소금물을 팔팔 끓이고, 찬물 한 바가지를 옆에 준비한다. 끓는 물에 파스타 시트를 한 번에 2장씩 넣고 3분쯤 익힌 다음 건져서 곧바로 찬물에 2분 동안 담가둔다. 어느 정도 식으면 물에서 건져 깨끗한 마른행주 위에 평평하게 펼쳐놓고 물기를 제거한다. 소스가 완성되면, 오븐을 180℃로 예열한다.

이제 라자냐를 조립한다. 오븐용 그릇 바닥에 토마토소스 1TS를 고루 펴바르고, 그 위에 파스타를 한 겹 깐다. 빈 공간은 파스타를 겹쳐 깔지 말고 딱 맞게 오려서 메운다. 파스타 위에 미트볼과 간 소고기 볶은 것, 햄, 모차렐라 치즈, 달걀 푼 것, 페코리노 치즈 가루를 고루 올리고, 토마토소스를 넉넉히 바른다. 이 과정을 두 번 더, 혹은 준비한 재료를 다 쓸 때까지 반복한다. (라자냐의 높이는 오븐용 그릇의 크기와 모양에 따라 달라진다. 그릇이 넓으면 자연히 라자냐의 높이가 낮아진다.)

마지막으로 간 페코리노 치즈를 고루 뿌린 다음, 알루미늄포일을 씌워 예열된 오븐에서 45분 동안 굽는다. 오븐에서 꺼낸 라자냐는 15분쯤 식힌 뒤 식탁에 올린다.

안젤리나 할머니의

닭간 스튜를 올린 파파렐레

4~6인분

루카 두지는 자신이 수입하는 와인, 인생, 그 밖의 모든 것에 대한 열정이 끓어 넘치는 사람이다. 그래서 고향인 베로나 지역에서 '파스타 할머니'로 꼽을 만한 할머니를 아느냐고 묻자마자, 그는 "당연하죠!"라고 기세 좋게 소리쳤다. 몇 주 뒤, 우리는 루카의 어머니인 안젤리나 할머니에게 일요일 점심 식사 초대를 받았다. 주변에 움직이는 생명체라고는 부지런한 꿀벌뿐인 뜨거운 7월의 한낮, 나무 그늘 아래 축 늘어져 있던 고양이들이 오븐에서 익어가는 닭간 냄새에 마침내 몸을 일으켰다.

안젤리나 할머니는 뜨거운 조명 열기나 카메라를 든 낯선 사람들을 조금도 개의치 않고 베로나식 일요일 점심상을 능숙하게 차려냈다. 파파렐레papparelle는 파스타의 한 유형은 아니고, 그저 반죽을 채 썰듯 아주 가늘게 썬 것이다. 탈리올리니보다 더 가느다란 엔젤 헤어 파스타를 생각하면 된다. 이 요리는 맑은 고기 국물에 파스타를 익힌 다음, 베로나 방언으로 페가디니fegadini라고 부르는 구운 닭간을 가니시로 올려 완성한다.

파스타

00밀가루 또는 일반(다목적) 밀가루 400g

달걀 4개

맑은 고기 육수

203쪽의 설명대로 스톡을 끓인다. 이때 주니퍼베리(노간주나무 열매) 6알과 마늘 3쪽을 추가한다.

페가디니

버터 약간

엑스트라버진 올리브유 1TS

잘게 썬 작은 양파 1개

닭간 250g(깨끗이 손질해 적당한 크기로 썬 것. 닭 염통까지 추가하면 더 소박한 맛이 난다)

드라이한 화이트와인 반 잔(남은 반 잔은 셰프의 몫이라는 게 루카의 주장!)

월계수 잎 1장

곱게 다진 로즈메리 ½TS

소금

뚝배기 같은 도기 냄비가 있을 경우, 버터와 올리브유, 양파, 닭간을 모두 담아 매우 약한 불에 올린다. 부글부글 끓기 시작하면 와인와 허브를 추가한다. 소금 간을 하고 20분 동안 뭉근히 익힌다.

일반 소테팬의 경우, 먼저 약한 불에 팬을 달군 다음 버터와 올리브유를 넣는다. 버터가 녹으면 양파를 넣고 그대로 익힌다. 양파가 살짝 노릇해질 때쯤 닭간을 추가하고 불을 약간 키워서 나무 스푼으로 뒤적거리며 노릇노릇하게 굽는다. 이어 와인과 허브를 넣고 고루 섞어준 다음 20분 동안 푹 끓인다. 마지막에 간을 맞춘다.

닭간 외에 염통까지 넣었다면 조리시간을 15분쯤 더 늘려야 한다. 스튜에 국물을 약간 넣어주면 고기 표면이 마르는 것을 방지할 수 있다.

18쪽의 설명대로 달걀 파스타 반죽을 만든다. 반죽을 넓게 민 다음 카펫처럼 둘둘 말아서 최대한 가늘게 채 썬다. 이어 접힌 상태를 훌훌 털어 풀어주고, 서로 달라붙지 않게 넓게 펼쳐놓는다.

큰 냄비에 스톡을 끓인다. 가볍게 끓기 시작하면 파파렐레를 넣고 1분쯤 익힌다. 안젤리나 할머니는 "완성 접시에 담을 때 국물의 양은 취향에 따라 정하면 돼요. 어떤 사람들은 국물이 전혀 없이 파스타만 담아내기도 하죠. 나는 국물이 약간 있는 게 좋아요."

닭간 스튜에서 고명용 건더기만 건져내고, 월계수 잎은 빼 버린다. 서빙 접시에 파스타를 담고 닭간을 가운데 올려 장식한다.

안젤리나 할머니는 남은 간 스튜와 국물에 버터를 약간 더 넣고 갈아서 파테를 만든다. 일요일 저녁 식사 때 이 파테를 크로스티니(바삭하게 구운 작은 토스트)에 발라 먹으면 정말 맛있다.

안젤리나 할머니는 닭간 스튜는 도기 냄비에 끓이는
것이 좋다면서 이렇게 덧붙인다. “간은 차가운
상태에서 바로 익혀야 식감이 더 부드럽답니다.”

베네데토 할아버지의

멧돼지 라구 소스 파파르델레

4인분

파스타를 잘 만드는 '파스타 할아버지'를 만나는 일은 늘 즐겁다. 현재 예순다섯 살 이상인 노년 세대에게 요리란 오직 여성의 몫이었다(이런 시각은 지금도 여전히 존재한다). 그래서 어릴 때부터 파스타를 만들었던 노년의 남성을 찾아내기란 여간 어려운 일이 아니다. 베네데토 할아버지는 파스타 할아버지의 좋은 예로, 일찍이 에밀리아로마냐 주 페라라 출신의 할머니에게 요리를 배웠지만 실제 직업은 농학자였다. 그러다 은퇴한 요즘은 토스카나 주 산미니아토에 있는 정육점 겸 와인 레스토랑인 마첼레리아 로 스칼코에서 저녁 식사 메뉴를 요리한다.

멧돼지는 이탈리아 전 지역에 서식하지만, 일반 정육점에서는 쉽게 찾아보기 힘든 고기다. 그러나 마첼레리아 로 스칼코에서는 멧돼지고기를 판매한다. 물론 베네데토 할아버지가 만든 멧돼지 라구 소스 파파르델레pappardelle도 맛볼 수 있다.

베네데토 할아버지는 야생동물 고기는 이틀쯤 냉동했다가 사용해야 육질이 부드럽다고 귀띔한다. 멧돼지 대신 사슴고기를 써도 되지만 이 경우 조리시간을 줄여야 한다.

파스타

00밀가루 또는 일반(다목적) 밀가루 400g
달걀 4개

마리네이드한 멧돼지고기

멧돼지 스테이크 600g
통 흑후추 으깬 것 1ts
월계수 잎 1장
레드와인 1병(고기가 푹 잠길 정도의 양)

라구 소스

깍둑 썬 양파 1개, 깍둑 썬 당근 1개
깍둑 썬 셀러리 1줄기, 잘게 썬 마늘 1쪽
엑스트라버진 올리브유 4TS
두툼한 판체타* 2조각
시나몬 가루 ½ts, 너트메그 가루 ½ts
카옌페퍼 가루 1자밤
80% 다크초콜릿 1조각 간 것
레드와인 약 500ml
소금
잘게 썬 세이지 잎 3장
잎만 따서 잘게 썬 로즈메리 줄기 20cm

고명

파르미자노 레자노 치즈 간 것

멧돼지고기는 털을 깨끗이 제거하고 작게 깍둑썰기해서 플라스틱 볼에 담는다. 여기에 으깬 통후추와 월계수 잎, 레드와인을 넣는다. 랩을 씌우거나 뚜껑을 덮어 냉장고에서 12시간 동안 마리네이드한다.

멧돼지고기를 건져내고 남은 마리네이드 액은 버린다. 이어 라구 소스를 준비한다. 넓은 팬에 양파, 당근, 셀러리, 마늘, 판체타, 올리브유를 넣고 불에 올려 익힌다. 채소가 적당히 무르면 멧돼지고기를 넣고 고루 뒤적이며 볶다가 각종 양념과 초콜릿을 넣는다(초콜릿은 소스에 풍부한 맛을 더한다).

레드와인을 고기가 잠길 만큼 붓고, 소금으로 간을 맞춘 뒤 뚜껑을 덮고 2시간 동안 뭉근하게 끓인다. 시간은 고기의 상태에 따라 달라질 수 있다. 중간에 뚜껑을 열어보고 수분이 부족하면 물이나 스톡으로 보충한다. 완성된 소스는 국물이 약간 있어야 고기가 부드럽고 연하다.

소스가 끓는 동안, 18쪽의 설명대로 달걀 파스타 반죽을 만든다. 파파르델레는 끈의 폭이 엄지손가락과 비슷한 2~3cm 정도여야 한다.

소스가 완성되면 큰 냄비에 파스타를 삶을 소금물을 끓이고, 서빙 접시도 따뜻하게 데워둔다.

잘게 썬 세이지 잎과 로즈메리를 소스에 넣고 고루 섞는다. 파파르델레를 끓는 물에 넣고 2분쯤 삶은 뒤 익었는지 먹어보고 건져낸다. 파스타 삶은 물은 한 국자만 따로 남긴다.

파파르델레를 라구 소스에 넣고 잘 섞는다. 너무 뻑뻑하면 파스타 삶은 물을 약간 넣어준다. 따뜻하게 데운 접시에 파스타를 담고, 파르미자노 레자노 치즈 가루를 듬뿍 뿌린다.

타야린tajarin은 피에몬테 주에서 탈리올리니를 일컫는 말이다. 달걀노른자를 엄청 쓰는 레시피들이 많지만, 이렇게 호사스러운 레시피는 미식가와 셰프들을 위한 것이지 알뜰한 주부들에게는 적합하지 않다. 타야린은 두어 시간 동안 푹 끓인 닭 또는 토끼 내장 스튜를 끼얹어 먹을 때도 많다. 그러나 이다 할머니가 좋아하는 소스는 구운 고기의 육즙으로 만든 그레이비다. 쓰고 남은 그레이비가 있다면 이 파스타에 활용해보라. 이다 할머니는 진한 풍미를 위해 남은 그레이비에 버터를 좀 더 넣는 편이다(이는 프랑스의 영향을 많이 받은 피에몬테 지방 요리의 특성을 보여준다). 우리가 방문했던 날에는 돼지고기, 송아지고기, 토끼고기를 조리할 때 생긴 육즙을 이용했고, 고기로는 아뇰로티 델 플린(240쪽 참조)을 만들었다. 그러니까 한 번에 두 가지 파스타를 만들 수 있는 셈이다!

이다 할머니의

그레이비를 끼얹은 타야린

4인분

파스타

00밀가루 또는 일반(다목적) 밀가루 400g
달걀 4개
세몰리나 가루(덧밀가루용)

그레이비

돼지 등심 200g
스튜용 송아지고기(8~12개월) 200g
토끼고기 또는 뼈 없는 닭다릿살 200g
버터 1TS + 추가분(그레이비용)
마늘 1쪽
로즈메리 줄기 10cm
화이트와인 약 85ml
닭 스톡 50ml(선택)

고명

파르미자노 레자노 치즈 간 것(24개월 이상 숙성된 것 추천)

18쪽의 설명대로 달걀 파스타 반죽을 만든다. 30분쯤 휴지시키고, 그동안 그레이비를 준비한다.

고기를 사방 2cm로 깍둑썰기한다. 소테팬에 버터를 녹인 뒤 마늘과 로즈메리, 고기를 넣고 굽는다. 고기 표면이 하얗게 익으면 와인을 붓고 1분쯤 바글바글 끓여 알코올 향을 날린다. 뚜껑을 덮고 고기가 완전히 익을 때까지 15분 정도 더 조리한다. 팬에 남은 육즙이 거의 없으면, 스톡을 조금만 추가한다. 고기 한 조각을 칼로 2등분해서 속까지 다 익었는지 확인한 다음, 고기(240쪽의 아뇰로티 델 플린에 사용한다)와 로즈메리, 마늘을 건져낸다. 이 팬에 그레이비에 진한 풍미를 더하고 농도를 더 걸쭉하게 해줄 버터를 조금 더 넣고 식지 않게 약한 불에 올려둔 채 타야린을 만든다.

반죽판이 크지 않을 경우, 파스타 반죽을 2덩이로 나누어 밀대로 최대한 얇게 민다. 반죽 아래쪽의 손이 비쳐 보일 만큼 얇아야 한다. 반죽 표면에 세몰리나 가루를 고루 뿌리고 카펫처럼 둘둘 만 다음, 날이 잘 선 일자 형태의 칼로 2mm 정도의 간격으로 아주 가늘게 채를 썬다. 이어 훌훌 털어 접힌 것을 풀어주고 서로 달라붙지 않도록 반죽판에 넓게 펼쳐놓는다.

큰 냄비에 소금물을 팔팔 끓여 파스타를 넣는다. 물이 다시 끓어오른 시점부터 1분만 더 삶은 뒤 익었는지 확인하고 필요할 경우 더 익힌다.

파스타를 건져서 그레이비에 넣고 소스 맛이 잘 배도록 고루 섞는다. 치즈 가루를 듬뿍 뿌려서 식탁에 올린다.

선택 사항

이다 할머니는 좀 더 묵직한 맛을 내기 위해 그레이비에 (늘 준비돼 있는) 토마토 라구 소스를 2~3스푼 섞는 것을 좋아한다.

실바나 할머니의

무젤로식 감자 라비올리

넉넉한 6~8인분

토르텔리 디 무젤로tortelli di Mugello는 피렌체 북쪽에 있는 무젤로라는 작은 도시의 향토 음식인, 감자로 속을 채운 라비올리다. 껍질과 필링 모두가 탄수화물 천국이다! 일흔여덟 살 실바나 할머니는 자신을 평범한 주부라고 소개했다. 20년 전부터 지역의 한 레스토랑에서 토르텔리 요리를 만들고 있으면서도 그것을 직업으로 생각하지는 않는 모양이다. 할머니는 매일 2500개 이상의 토르텔리를 만든다. 물론 반죽하고 미는 과정은 기계의 힘을 빌린다. 토르텔리의 속을 채울 필링은 말린 감자 플레이크인 피오키 디 파타테fiocchi di patate가 아니라 진짜 삶은 감자다(상업적으로 만든 일부 제품에서는 피오키 디 파타테를 사용한 예도 있다). 물론 집에서 만들 때는 모든 과정을 할머니가 손으로 직접 한다.

"감자를 짭짤하게 양념하는 게 중요해요. 그렇지 않으면 완성된 토르텔리의 맛이 싱거울 수 있거든요." 이 레시피에서 감자에 토마토소스를 반드시 넣을 필요는 없다. 담백한 감자 맛을 선호하는 사람들도 있기 때문이다. 하지만 실바나 할머니는 필링의 맛을 최대한 진하게 만드는 것을 좋아한다. 놀랍게도 할머니는 토르텔리를 만드는 건 즐거워하면서도 먹는 데는 별 관심이 없다. "아, 나는 다른 사람들을 위해서만 요리한답니다."

실바나 할머니는 라구 소스에 소고기를 쓰는 것을 더 좋아한다. 하지만 사위가 사냥꾼이라 이번에는 멧돼지고기를 사용했다. 무젤로 지역의 다른 요리사들은 토끼고기나 양송이버섯을 넣은 소스도 즐겨 만든다. 토르텔리는 냉동이 가능하며, 삶을 때는 얼린 상태에서 곧장 끓는 물에 넣는다.

완성된 음식 사진은 다음 페이지에

파스타
00밀가루 또는 일반(다목적) 밀가루 400g
달걀 4개
엑스트라버진 올리브유 1TS

토마토소스
다진 마늘 2쪽
잘게 썬 파슬리 한 줌
엑스트라버진 올리브유 50ml
토마토 파사타 250g
소금, 후추

감자 필링
분질 감자 1.5kg(껍질 포함한 무게)
파르미자노 레자노 치즈 간 것 3TS
즉석에서 간 너트메그(취향에 따라 조절)

라구 소스
잘게 썬 자색 양파 2개
잘게 썬 작은 당근 1개
잘게 썬 셀러리 1줄기
다진 파슬리 1TS
엑스트라버진 올리브유 3~4TS
간 소고기 또는 멧돼지고기 500g
토마토 파사타 400g
소금, 후추

18쪽의 설명대로 달걀 파스타 반죽을 만든다. 단, 달걀에 올리브유를 추가한다. 실바나 할머니는 반죽을 적어도 30분 이상 반드시 휴지시켜야 한다고 말한다.

토마토소스를 준비한다. 다진 마늘과 파슬리를 고루 섞는다. 작은 소스팬에 올리브유를 넣고 달군 뒤 준비된 마늘을 넣고 소금 1자밤을 추가해 타지 않게 볶는다. 마늘이 익으면 토마토 파사타와 물 1TS을 넣고 소스가 걸쭉하게 졸아들 때까지 15분쯤 푹 끓인다. 후추를 약간 뿌리고, 싱거우면 소금을 더 넣어 간을 맞춘다.

감자를 푹 삶아서 따뜻할 때 껍질을 벗긴 다음, 포테이토 라이서에 내려서 으깬다. 여기에 치즈 가루와 앞서 만든 토마토소스의 절반(약 250ml)을 넣고 고루 섞는다. 맛을 보고 싱거우면 토마토소스를 더 넣는다. 필링으로 쓸 분홍빛 매시트포테이토의 맛은 짭짤하게 느껴질 정도여야 한다. 남은 토마토소스는 라구 소스에 섞어도 된다. 풍미를 위해 즉석에서 간 너트메그 가루를 감자에 조금 섞어도 좋다.

이제 라구 소스를 준비한다. 잘게 썬 채소를 다진 파슬리와 섞는다. 실바나 할머니는 이것을 기름을 두르지 않은 소스팬에서 10분 정도 볶는다. 채소의 수분이 다 빠졌다 싶으면, 올리브유를 넣고 15분쯤 더 볶아서 채소를 푹 무르게 익힌다. 채소를 이렇게 볶는 방식은 어머니에게 배운 것이라고 한다. 물론 평소처럼 처음부터 캐서롤에 기름을 넣고 채소를 익혀도 된다. 어느 쪽이든 포인트는 채소를 적어도 25분 이상 천천히 조리해야 한다는 것이다.

익힌 채소가 담긴 냄비에 다진 고기를 부수어 넣고 고루 섞어가며 20분 정도 충분히 볶아서 고기를 포슬포슬한 작은 갈색 덩어리로 만든다. 이어 토마토 파사타를 넣고 소금, 후추로 양념한 뒤 물 500ml를 붓고 뚜껑을 덮은 채 2시간 동안 뭉근하게 끓인다.

그동안 토르텔리를 만든다. 레시피대로 반죽을 만들었다면, 두 번에 나누어 반죽을 밀어야 할 것이다. 넓게 민 반죽을 12cm 폭으로 자른다. 으깬 감자 필링을 호두알 크기로 동그랗게 빚은 뒤 자른 반죽의 한가운데에 5cm 간격으로 올린다. 반죽을 필링 위로 접은 다음, 필링 주위를 손가락으로 꾹꾹 눌러 공기를 빼준다. 물결무늬 파스타 커터로 불룩한 사이사이를 일정하게 자른다. 잘린 모서리를 커터로 예쁘게 다듬고, 겹친 반죽이 벌어지지 않도록 필링 주위를 포크로 꾹꾹 눌러준다. 성형이 끝난 토르텔리는 익히기 전 2시간 정도는 쟁반이나 탁자 위에 가지런히 놓아둔다. 본 레시피로는 약 90개가 나온다.

걸쭉하게 졸아든 라구 소스가 완성되면, 큰 냄비에 파스타 삶을 소금물을 끓인다. 서빙 접시도 따뜻하게 데워서 준비한다. 레시피 분량의 토르텔리는 몇 번에 나누어 삶아야 한다. 물이 팔팔 끓으면 토르텔리 몇 개를 넣는다. 물이 다시 끓어오른 시점부터 4분 뒤 슬로티드 스푼이나 체로 파스타를 건져서 서빙 접시에 담은 다음, 라구 소스를 끼얹는다. 이 과정을 몇 번 더 반복한다.

무젤로 현지인들은 이 요리에 치즈 가루를 추가로 뿌리지 않고 그냥 먹는다.

UTTI
OLPA

도리아나 할머니의

판체타로 맛을 낸 파로 탈리올리니

4인분

도리아나 할머니는 이탈리아 중부 움브리아 주에서 '일 체레토'라는 아그리투리스모*를 운영한다. 할머니는 직접 키운 흑돼지로 판체타*를 만드는데, 지방의 맛이 뛰어나고 식감도 쫄깃하다. 이 레시피는 품질 좋은 최상급 판체타나 베이컨을 쓰는 것이 포인트로, 평범한 재료를 썼을 때와는 확실히 다른 맛을 구현할 수 있다.

미국에서 에머 밀로 부르는 파로farro는 원시 곡물이다. 영국에서 주로 먹는, 낱알이 더 둥글고, 익혔을 때 더 부드러운 스펠트 밀과는 품종이 다르지만 제분했을 때는 큰 차이가 없기 때문에 서로 대체할 수 있다. 도리아 할머니는 흰 00밀가루로만 만든 반죽은 얇게 미는 데 한계가 있으며, 넓게 민 반죽을 10분쯤 말린 뒤 썰어야 제대로 된 탈리올리니(가느다란 탈리아텔레)가 된다고 귀띔한다.

파스타

파로 밀가루 300g
00밀가루 또는 일반(다목적) 밀가루 100g
달걀 4개

판체타

엑스트라버진 올리브유 2TS
두툼한 판체타 4조각
깍둑 썬 양파 1개
씨를 뺀 붉은 칠리 페퍼 1개
(씨를 남겨서 원하는 맵기를 조절할 수 있다)
화이트와인 125ml
캔 홀토마토 400g
페코리노 로마노 치즈 간 것 25g + 추가분(고명용)
소금

18쪽의 설명대로 달걀 파스타 반죽을 만든다. 밀대로 반죽을 넓고 얇게 민 다음 마를 동안 소스를 만든다.

소테팬에 올리브유를 넣고 달군다. 성냥갑 크기로 썬 판체타를 넣고 재빨리 볶는다. 기름이 모두 녹아 나오고 노릇노릇 색깔이 나기 시작하면 바로 접시에 옮겨 담는다. 팬에 남은 기름은 그대로 둔다.

판체타 기름에 양파와 칠리 고추를 넣고 중간불로 양파가 부드럽게 익을 때까지 7분 정도 볶는다. 와인을 부어 팬에 눌어붙은 육즙을 녹이고, 알코올이 모두 날아갈 때까지 계속 볶는다. 수증기에서 와인 냄새가 나지 않아야 알코올이 다 증발된 것이다. 적당히 썬 홀토마토와 판체타를 넣고 고루 섞은 뒤 소금 간을 한다. 이어 계속 끓도록 불에 올려둔 채 파스타 반죽을 썬다.

반죽 표면에 00밀가루를 약간 뿌린 다음, 카펫처럼 둘둘 말아서 클리버(중식도처럼 큰 직사각형의 칼)나 날이 잘 선 일자 형태의 칼로 최대한 가늘게 채를 썬다. 이어 두 손으로 훌훌 털어서 접힌 것을 풀어주고 서로 달라붙지 않도록 넓게 펼쳐놓는다.

냄비에 소금물을 팔팔 끓여 파스타를 넣고 삶는다. 탈리올리니는 얇아서 2분 정도면 다 익는다.

소스에서 칠리 페퍼를 건져낸다. 다 익은 파스타를 슬로티드 스푼이나 체로 건져서 소스 냄비에 넣는다. 페코리노 로마노 치즈 가루를 추가하고 고루 섞은 다음 곧장 서빙 접시에 옮겨 담는다. 취향에 따라 치즈 가루를 더 뿌린다.

에밀리아 할머니의

기타로 만든 스파게티와 미니 미트볼

4~6인분

처음 에밀리아 할머니를 소개받은 건 내가 남편과 함께 며칠 동안 아브루초 주의 와인 생산지를 둘러보는 투어를 즐기던 때였다. 에밀리아 할머니는 투어를 기획한 '메이플 & 사프란' 여행사 대표 파브리치오의 모친이었다. "저희 어머니는 스파게티 알라 키타라 콘 팔로티네spaghetti alla chitarra con pallottine를 잘 만드십니다." 이 말은 너무 유혹적이었고, 결국 나는 남편과 친구들을 데리고 에밀리아 할머니를 만나러 갔다.

에밀리아 할머니는 열 살 무렵부터 가족들을 위해 파스타를 만들기 시작했다. 콩을 곁들인 파스타는 그녀의 가족이 가장 좋아하는 음식이었다. 스파게티 알라 키타라 콘 팔로티네는 명절이나 특별한 날에 먹는 요리로, 에밀리아 할머니는 수십 년 동안 가족의 결혼식 날 이 파스타를 푸짐하게 만들어 축하했다. 어릴 때 그녀에게 특별한 기쁨을 주었던 음식은 폴렌타와 소시지였다. 폴렌타를 식탁에 직접 쏟아놓으면 식구들이 저마다 포크를 들고 우르르 달려들어 먹곤 했다. 이러한 기억은 그릇을 살 만한 여유가 없어서 손으로 폴렌타를 퍼먹던 시절을 떠올리게 한다.

에밀리아 할머니 댁을 방문했던 날은 몹시 더웠다. 할머니는 이런 날씨에는 반죽을 만들 때 달걀을 1개 더 넣어야 반죽이 부드럽고 다루기 쉬워진다고 했다.

이 레시피에서는 키타라chitarra로 파스타를 만든다. 이탈리아어로 '기타'를 뜻하는 키타라는 온라인에서 약 40달러에 판매 중이다. 파스타 메이커(제면기)에 스파게티 전용 커터를 장착해서 만들어도 된다. 물론 가장 저렴한 도구는 홈이 팬 스파게티용 밀대다.

에밀리아 할머니는 파스타를 만들 때 티포 원tipo 1 밀가루를 즐겨 쓴다. 이 밀가루는 글루텐 함량이 약 9.5퍼센트이며, 1이라는 숫자는 입자가 비교적 거칠다는 뜻이다. 이탈리아 밖에서는 구하기 힘들기 때문에 일반 파스타용 밀가루에 맷돌로 간 통밀가루를 10퍼센트쯤 섞어 쓸 것을 추천한다.

레시피는 다음 페이지에

파스타

티포 1 혹은 일반 밀가루 400g(들어가는 글 참조)
달걀 4개
엑스트라버진 올리브유 1TS
소금 ½ts

토마토소스

엑스트라버진 올리브유 4TS
셀러리 1줄기(2등분한 것)
당근 2개(반으로 가른 것)
마늘 3쪽
찜용 소고기 또는 송아지고기 100g
돼지갈비 3쪽
화이트와인 100ml
소금 1ts
생토마토 1.5kg(껍질 벗겨 적당히 썬 것. 품질 좋은 병조림 토마토 파사타로 대체 가능)

미트볼

곱게 간 소고기 500g
달걀 1개
소금 ½ts
엑스트라버진 올리브유 1TS
즉석에서 간 흑후추 1자밤
즉석에서 간 너트메그 가루(취향에 따라 조절)
페코리노 치즈 가루 1TS + 추가분(고명용, 선택)
엑스트라버진 올리브유(미트볼 익히는 용도)

먼저 토마토소스를 만든다. 캐서롤이나 바닥이 두꺼운 소스팬에 올리브유를 넣고 뜨겁게 달군 뒤 셀러리, 당근, 통마늘을 넣고 5분쯤 튀기듯 볶는다. 이어서 고기도 노릇노릇하게 지진다. 와인을 부어 바닥에 눌어붙은 육즙을 녹이고, 알코올이 다 날아갈 때까지 바글바글 끓인다. 마늘을 건져내고 소금과 토마토를 넣은 뒤 뚜껑을 덮어 아주 약한 불로 최소 3시간 이상 뭉근하게 끓인다. 중간에 가끔 뚜껑을 열어 잘 휘젓고, 너무 뻑뻑하면 물을 조금씩 추가한다. 소스는 걸쭉한 농도로 완성해야 하므로 물을 너무 많이 넣어선 안 된다. 고기가 다 익으면, 꺼내서 뼈를 분리하고 살코기만 먹기 좋게 썰어서 다시 소스에 넣는다. 뼈와 채소는 버린다.

미트볼을 만들려면 먼저 큰 볼에 재료를 모두 넣고 고루 치대서 반죽한다. 손에 물을 묻힌 뒤 반죽을 조금씩 떼어 병아리콩 크기의 미트볼을 빚는다. 이 작업은 시간이 엄청나게 걸리므로 온 가족이 참여하도록 유도한다. 미트볼을 조금씩 나누어 올리브유에 튀기듯 익힌다. 팬을 조심스럽게 흔들면서 몇 분 동안 전체적으로 노릇노릇하게 만든다. 주걱으로 가끔 저어주어야 미트볼이 팬 바닥에 달라붙지 않는다. 익힌 미트볼은 키친타월에 올려 기름을 뺀다.

고명으로 쓸 미트볼 몇 개는 남겨두고, 나머지는 모두 토마토소스와 섞는다. 소스를 당장 쓸 예정이라면 식지 않게 뚜껑을 덮어 한쪽에 둔다. 그렇지 않다면 완전히 식혀서 냉장고에 넣는데, 이 경우 이틀 동안 두고 먹을 수 있다.

이제 파스타를 만든다. 모든 재료를 고루 섞은 뒤 10분쯤 치대 매끈하고 균일하게 반죽한다. 덮개를 씌워서 최소한 30분 이상 휴지시킨다. 반죽을 약 3mm 두께로 넓게 민 다음, 키타라에 딱 맞는 크기로 넓적하게 자른다. 이것을 1장씩 키타라의 현 위에 올린다. 밀대를 파스타 위에 대고 힘껏 누르며 굴린다. 기타를 치듯 현을 튕겨서 얇게 잘린 채로 현에 붙어 있는 파스타가 아래로 떨어지게 한다. 파스타에 덧밀가루를 충분히 뿌려야 다루기가 쉽다.

미트볼이 들어간 토마토소스를 따뜻하게 데우고, 동시에 큰 냄비에 소금물을 팔팔 끓여서 파스타를 넣고 5분쯤 삶는다.

서빙 접시에 파스타와 소스를 층층이 담고, 맨 위에 고명용 미트볼을 보기 좋게 올린다. 취향에 따라 페코리노 치즈 가루를 뿌려도 좋다.

기타를 치듯 현을 튕겨서 붙어 있는 파스타가 떨어지게 한다.

비올레타 할머니의

새끼염소 라구 소스 마카로니

4인분

바질리카타 주는 장화 모양의 이탈리아 반도에서 발의 아치 부분에 자리하고 있다. 이곳은 시커먼 포돌리카 소들이 목에 커다란 방울을 달고 이리저리 돌아다니며 빳빳한 풀을 뜯는 산악 지역이다. 이들이 거친 자연 환경에 적응된 상태인 것처럼 염소도 마찬가지다. 이탈리아 요리는 염소고기를 잘 쓰지 않는다고 생각할 수도 있지만, 실제로는 그렇지 않다. 비올레타 할머니는 산타르칸젤로 디 로마냐라는 중세풍 마을에 산다. 이 마을의 도로는 수레를 끄는 당나귀가 겨우 지나다닐 수 있을 만큼 좁다. 지금은 당나귀가 수레를 끄는 모습은 찾아볼 수 없지만, 여전히 그 시절의 도구며 풍습들이 많이 남아 있다.

비올레타 할머니는 마카로니를 만들 때 양골담초라는 관목의 잔가지를 즐겨 사용한다. 이것을 이 지역 방언으로는 칸니첼cannicell이라고 부른다. 그래서 할머니가 만든 요리의 이름인 '마케로니 아 칸니첼 콜 수고 디 카프레토maccheroni a cannicell' col sugo di capretto'를 우리말로 직역하면 '잔가지로 말아서 만든 마카로니와 새끼염소 소스'가 된다. 양골담초의 잔가지는 곧고 표면이 거칠어서 파스타 반죽이 잘 달라붙지 않는다. 숲에서 구할 수 있는 이 파스타 도구는 각진 금속 막대인 페레토가 만들어지기 전에 많이 쓰였다. 하지만 방문 판매원들이 집집마다 찾아다니며 이 지역 주부들에게 페레토를 팔면서 칸니첼의 사용 빈도는 크게 줄어들었다.

파스타

고운 세몰리나 가루 400g
소금 ½ts
따뜻한 물 180~200ml

새끼염소 라구 소스

엑스트라버진 올리브유 4TS
대충 썬 마늘 1쪽
깍둑 썬 새끼염소 또는 양의 다릿살
대충 썬 파슬리 한 묶음
껍질 벗겨 적당히 썬 큼직한 완숙 토마토 4개
토마토 파사타 400g
소금

21쪽의 설명대로 파스타 반죽을 만들어 휴지시키는 동안 라구 소스를 만든다.

소테팬에 올리브유를 넣고 중불로 뜨겁게 달군다. 마늘을 넣고 1분쯤 타지 않게 볶다가 깍둑 썬 새끼염소 고기와 파슬리, 토마토, 토마토 파사타를 모두 넣는다. 비올레타 할머니는 생토마토와 집에서 만든 토마토 파사타를 섞어야 소스 맛이 가장 좋다고 믿는다. 소금 간을 하고, 뚜껑을 덮어 30~40분 정도 푹 끓인다. 새끼염소는 육질이 연하기 때문에 더 오래 끓이지 않아도 된다. 중간에 물이 너무 부족하다면 좀 더 추가한다.

이제 파스타를 준비한다. 반죽을 한 줌 떼어 손바닥으로 밀어 연필 굵기의 밧줄 모양으로 길게 늘인 다음, 10cm 길이로 뚝뚝 자른다. 자른 반죽 조각 위에 막대를 약간 비스듬하게 놓고, 손바닥으로 막대를 살짝 누르면서 앞으로 밀어내면 반죽이 막대에 꽈배기처럼 말리면서 튜브 모양이 된다. 몇 번 연습하면 곧 익숙해진다. 튜브에 틈새가 약간 보여도 신경 쓰지 말고 남은 반죽을 다 쓸 때까지 계속해서 같은 과정을 반복한다. 성형을 마친 마카로니는 서로 겹치지 않게 넓게 펼쳐놓는다.

큰 냄비에 소금물을 팔팔 끓여 마카로니를 넣고 2분 동안 삶은 뒤 익었는지 먹어본다. 1~2분쯤 더 익혀야 할 수도 있다.

비올레타 할머니는 파스타 삶은 물을 개수대에 그냥 쏟는 대신 배수구를 막고 개수대에 부어놓는다. 그리고 나중에 이 물로 접시를 헹군다. 수돗물이 없던 시절 알뜰한 주부들은 이런 식으로 설거지를 했다.

삶은 파스타를 소스에 넣고 함께 섞는다. 또 소스에서 염소고기를 건져내 메인 코스로 먹고, 남은 토마토소스로만 파스타를 버무려낼 수도 있다.

루차 할머니의

살라미와 호스래디시로 맛을 낸 라스키아텔리

4인분

루차 할머니는 올해 여든아홉 살로, 이 사진 속 모습은 병원에서 퇴원한 바로 다음 날 찍은 것이다. 할머니는 병원을 나서자마자 곧바로 가족이 운영하는 빵집으로 가서 다시 일을 시작했다. 조금 쉬시면 안 되느냐는 우리의 질문에 할머니는 이렇게 말했다. "나는 평생 이렇게 살았어요. 집에서는 내가 뭘 하겠어요? 60년 넘게 일한 이 빵집이 곧 내 삶이랍니다." 현재는 루차 할머니의 아들과 손자가 빵집의 운영과 관리를 책임지고 있다. 하지만 할머니와 할아버지가 그랬던 것처럼 지금도 근처 마테라에 있는 방앗간에 가서 듀럼 밀가루를 사온다. 이 집 빵은 겉이 바삭하고 속은 쫀득쫀득해서 계속 더 먹고 싶어진다. 그래서 손님들이 끊임없이 드나드는데, 월요일에 산 빵은 일주일 동안 두고 먹을 수 있다. 루차 할머니는 손님들을 눈짓으로 가리키며 말했다. "이 마을도 많이 변했어요. 젊은 이들은 일자리를 찾아 떠날 수밖에 없죠. 그래서 난 모두가 고향으로 돌아오는 여름이 가장 좋아요." 이 레시피에서 루차 할머니는 바질리카타 주에서 만든 루카니카 살라미를 사용한다. 간 고기가 아닌 칼로 다진 고기로 만든 이 살라미는 큼직한 고깃덩이와 거칠게 빻은 흑후추, 적당한 기름이 훌륭한 조화를 이룬다. 가까운 이탈리아 델리숍에 가서 이 살라미가 구비되어 있는지 알아보라. 없다면 카포콜로capocollo(돼지목살로 만든 가공육)도 훌륭한 대체품이 될 수 있다. 얇게 슬라이스된 것보다는 한 덩이를 통째로 구입해야 한다. 이 소스는 씹는 맛이 있는 두툼한 살라미 조각이 들어가는 게 포인트다.

이 요리에 들어간 또 다른 특이한 재료는 호스래디시(서양고추냉이)다. 독일과 오스트리아 요리의 영향을 받은 북쪽 끝의 일부 지역을 제외하면 이탈리아에서 호스래디시가 들어간 요리를 찾아볼 수 있는 곳은 이곳 바질리카타 주뿐이다. 수백 년 전 알바니아 사람들이 이 지역으로 이주해오면서 호스래디시를 전파했고, 지금까지 그 전통이 이어져온 것이다. 현재는 시중에서 신선한 호스래디시를 어렵지 않게 구할 수 있다. 손질할 때 눈을 보호하려면 그레이터에 직접 갈지 말고 안경을 쓰고 껍질을 깐 다음 푸드 프로세서에 가는 것이 좋다. 이 요리는 주로 겨울철에 많이 먹는다.

레시피는 다음 페이지에

파스타
고운 세몰리나 가루 400g
미지근한 물 200ml
소금 ½ts

살라미 소스
엑스트라버진 올리브유 2TS
마늘 1쪽
캔 홀토마토 400g
소금
루카니카 살라미 350g(카포콜로나 피노키에토 살라미로 대체 가능)

고명
즉석에서 간 호스래디시 2TS(취향에 따라 조절)
페코리노 치즈 간 것

21쪽의 설명대로 파스타 반죽을 만든다. 루차 할머니는 이 요리에 '세 손가락 라스키아텔리'를 사용한다. 먼저 반죽을 한 줌 떼어서 손바닥으로 밀어 밧줄처럼 길게 늘인다. 굵기는 자신의 집게손가락 두께 정도로 한다. 기다란 반죽을 가운데 세 손가락을 합친 폭과 비슷한 길이로 똑똑 썬다. 이 반죽 조각을 세 손가락으로 살짝 누르면서 몸 쪽으로 끌어당기면 작은 말구유처럼 우묵한 형태의 파스타가 만들어진다. 준비된 반죽을 다 쓸 때까지 이 과정을 계속 반복한다.

이제 소스를 준비한다. 소스팬에 올리브유를 넣고 뜨겁게 달군 다음 마늘을 2분쯤 튀기듯 볶는다. 이어 적당히 썬 홀토마토를 넣고 가볍게 소금 간을 한 뒤 약 10분 동안 뭉근하게 끓인다. 소스가 걸쭉하게 졸아들면 깍둑 썬 살라미를 추가한다. 살라미는 오래 익힐 필요가 없으므로 속까지 따뜻하게 데워지면 불을 끄고 마늘을 건져낸다.

큰 냄비에 소금물을 팔팔 끓여 파스타를 넣고 삶는다. 파스타가 둥둥 떠오르면 익었는지 먹어보고 필요할 경우 좀 더 익힌다. 파스타를 건져서 소스에 잘 버무려 서빙 접시에 담고, 호스래디시와 치즈 가루를 듬뿍 뿌린다.

체자리아 할머니의

치킨 로리기타

4인분

모르곤조리는 사르데냐 섬 서쪽에 있는 작은 마을이다. 이탈리아 전역을 통틀어 로리기타lorighittas를 만드는 곳은 이 마을뿐이다. 가느다란 스파게티 모양의 파스타를 꽈배기처럼 꼬아서 고리처럼 만든 로리기타는 11월 1일 만성절에 먹는 특별한 음식이다. 라디오나 텔레비전, 휴대전화가 없던 시절, 여자들은 함께 모여 로리기타를 만들면서 수다도 떨고 노래도 부르는 것이 오락거리였다. 이들은 보통 성녀 소피아 축일이 지난 10월 중순부터 로리기타를 만들기 시작했다. 지금까지도 이 파스타의 제작 공정은 기계화되지 않았다. 올해 아흔다섯 살인 체자리아 할머니는 요즘 밀가루는 옛날 것과 다르다고 하면서도 지금도 여전히 손바닥으로 반죽을 가늘게 밀 수 있다.

이 파스타의 전통 레시피는 어린 수탉으로 소스를 만드는 것이다. 가을은 아직 생식능력이 없는 어린 수탉들의 수요보다 공급이 많았기 때문이다.

파스타

소금 ½ts
따뜻한 물 200ml
고운 세몰리나 가루 400g

치킨 소스

엑스트라버진 올리브유 3TS
양파 1개
다진 마늘 2쪽
방목한 유기농 닭고기 8조각으로 자른 것 1.8kg
화이트와인 50ml
토마토 파사타 750g
잘게 썬 파슬리 20g
소금

고명

페코리노 사르도 치즈 간 것

먼저 파스타를 준비한다. 소금물을 타서 한쪽에 준비해놓고, 21쪽의 설명에 따라 파스타 반죽을 만든다. 밀가루에 소금을 직접 섞는 사람들도 있지만, 체자리아 할머니는 반죽이 말랐다 싶을 때 소금물을 톡톡 두들기듯 발라주는 쪽을 선호한다. 이 파스타는 덥고 건조한 날에는 가능하면 만들지 말라는 것이 할머니의 조언이다.

반죽을 조금 떼어서 손바닥으로 밀어 2.5mm 지름의 스파게티처럼 만든다. 손으로 이렇게 가늘게 밀려면 꽤 많은 연습이 필요하다. 이것을 20cm 길이로 잘라서 (손가락이 가늘 경우) 세 손가락에 두 번 감은 다음, 양쪽 끝을 꼬집어서 이어붙인다. 손가락에 두 번 감고 남은 여분은 떼어버린다. 이렇게 만든 고리의 이어붙인 부분을 한 손으로 잡고, 반대쪽 손으로 시계 태엽을 감는 듯한 손동작으로 고리를 안쪽으로 꼬아준다. 유튜브에서 해당 동영상을 찾아보면 훨씬 이해하기 쉬울 것이다. 다시 말하지만, 로리기타는 여럿이 함께 만드는 파스타다. 그러므로 남은 반죽은 가족들을 불러 함께 처리할 것을 강력하게 권한다. 모르곤조리에서는 완성된 로리기타를 넓은 채반에 펼쳐놓고 말리지만, 깨끗한 마른행주로 대체해도 좋다.

이제 치킨 소스를 만들 차례다. 캐서롤 또는 더치오븐(무쇠 냄비)에 올리브유를 넣고 뜨겁게 달군다. 여기에 양파를 5분 동안 볶다가 다진 마늘을 넣고 1분쯤 더 볶는다. 이어 토막 낸 닭고기와 와인, 토마토 파사타를 한꺼번에 넣는다. 굳이 닭고기를 먼저 노릇하게 익히지 않아도 된다. 소금으로 간을 하고, 뚜껑을 덮어 45분 이상 뭉근하게 끓이다가 마지막에 파슬리를 추가한다. 소스가 완성되면 닭고기를 건져서 파스타 옆에 담아도 되지만, 사르데냐식으로 파스타에 이은 메인 요리로 내도 좋다.

큰 냄비에 소금물을 팔팔 끓여 로리기타를 넣고 8~10분쯤 삶는다. 파스타를 건져서 페코리노 치즈 가루에 버무린 다음 토마토 소스를 넣고 고루 섞는다. 완성된 로리기타 파스타를 닭고기와 함께 또는 따로 먹는다.

반나 할머니의

치치오네두스와 양고기 라구 소스

6~8인분

사르데냐 섬은 통칭 뇨케티 사르디gnocchetti Sardi라고 일컫는 몇몇 뇨키 모양 파스타의 고향이다. 뇨케티 사르디는 크기는 서로 다르지만 공통적으로 골무늬가 있다. 주로 갈대 채반에 대고 파스타를 밀어서 골무늬를 새기는데, 이렇게 만든 파스타는 소스가 잘 묻는 것이 장점이다. 하지만 이 갈대 채반은 이탈리아의 다른 지역에서는 찾아보기 힘들다. 그러므로 사르데냐 섬에 가서 채반을 구입할 기회가 없는 사람들에게, 뇨키 보드는 좋은 대안이다. 치치오네두스ciccioneddus는 사르데냐 섬 북서쪽의 사사리 지역에서 만드는 아주 작은 뇨케티 사르디다.

반나 할머니와 친구들은 이번 촬영을 위해 모두 전통 의상을 입기로 약속했다. 그날 남자들은 흰색 주름 셔츠와 검은색 모자, 여자들은 몸통을 꽉 조이는 블라우스와 치렁치렁한 롱스커트에 앞치마를 두른 차림이었다.

이번 촬영에서 그들은 음식의 조리 과정을 연극처럼 보여주었다. 마치 음악과 친구들이 함께하는 파티 같았다. 원래 이 레시피는 전통적인 결혼식 축하 요리이므로 그날의 분위기와 당연히 잘 어울렸다.

파스타

고운 세몰리나 가루 600g
미지근한 물 270~300g
소금

라구 소스

엑스트라버진 올리브유 4TS
잘게 썬 양파 1개
깍둑 썬 양고기 500g
토마토 파사타 680g
월계수 잎 2장
로즈메리 1줄기
타임 4줄기
세이지 잎 4장
바질 잎 8장
으깬 올스파이스 1ts
소금

고명

페코리노 사르도 치즈 간 것

21쪽의 설명대로 파스타 반죽을 만든다. 반죽을 한 줌 떼어서 1cm 굵기의 밧줄 모양으로 길게 늘인 다음, 익히지 않은 흰강낭콩만 한 크기로 똑똑 썬다. 나머지 반죽도 다 이렇게 작은 조각 형태로 썰어둔다. 이어 뇨키 보드에 반죽 조각을 놓고 엄지손가락으로 밀어내듯이 굴려서 C자 모양으로 만든다. 반나 할머니처럼 친구나 가족들과 함께 하면 작업 속도가 훨씬 빠르다.

이제 라구 소스를 만들 차례다. 큰 소스팬을 중간불에서 달군 뒤 올리브유를 팬 바닥이 완전히 덮일 만큼 넉넉히 붓는다. 양파와 소금을 약간 넣고 투명해질 때까지 7~10분쯤 익히다가 양고기를 추가해 전체적으로 노릇노릇하게 지진다.

여기에 토마토 파사타를 넣고, 파사타를 비운 병에 물 100ml를 부어서 잔여물을 헹궈낸 뒤 역시 팬에 붓는다. 허브와 올스파이스, 소금 ½ts까지 추가한 뒤 뚜껑을 덮고 30분 동안 뭉근히 끓인다. 이어 뚜껑을 열고 10분쯤 더 끓인다. 식탁에 내기 전 간을 맞추고, 허브를 모두 건져낸다.

큰 냄비에 소금물을 끓이고, 서빙 접시도 따뜻하게 데워 준비해 둔다. 팔팔 끓는 물에 치치오네두스를 넣고 5분쯤 삶은 뒤 익었는지 확인한다. 파스타를 건져서 물기를 완전히 뺀 뒤 따뜻하게 데운 서빙 접시에 담는다. 라구 소스를 고루 섞고, 치즈 가루를 듬뿍 뿌린다.

가족과 친구들과 함께 서로의 행운을 빌며 즐겁게 나누어 먹자.

뇨키 보드에 작은 반죽 조각을 놓고 엄지손가락으로 밀어내듯이 굴리면
C자 모양으로 골무늬가 새겨진다.

루차 할머니와
카테리나 할머니의

미트볼 파스타

4인분

풀리아 주 살렌토 지역의 데프레사 마을에 사는 루차 할머니와 카테리나 할머니는 어릴 때부터 지금까지 75년 이상 매일같이 만나는 단짝 친구다. 성당에서 운영하는 놀이방에서 처음 서로를 알게 된 두 사람은 현재까지도 활발한 신앙생활을 하고 있다. 그토록 오래 우정을 이어갈 수 있는 비결을 묻자 두 할머니는 서로를 마주보고 크게 웃으며 한마디씩 말했다. "착하니까요!" "이 친구만 보면 늘 웃음이 나요." 이어 루차 할머니가 자랑스럽게 덧붙였다. "내 웨딩드레스도 카테리나가 만들어줬다니까요." 루차 할머니와 카테리나 할머니에게는 각각 열두 명, 네 명의 손자가 있다. 이 레시피는 그들이 손자들을 비롯한 온 가족의 일요일 점심 식사로 자주 만드는 요리다. "일요일에는 집집마다 사녜를 만들어 먹어요. 어떤 집에서는 미트볼을 만들기가 귀찮으니까 고기가 들어간 라구 소스로 대신하기도 하죠. 하지만 아이들은 폴페테polpette(미트볼)를 더 좋아해요."

사녜 토르테sagne torte는 비비 꼬인 끈 모양 파스타로, 현지에서는 사녜 칸눌라테sagne ncannulate라고도 부른다. 폴페티네polpettine는 일반적인 크기의 폴페테보다 작은 미트볼이고, 폴페토네polpettone는 미트로프다. 미트로프와 파스타의 조합은 조금 어색하겠지만, 이 세 가지는 크기가 다를 뿐 모두 같은 반죽으로 만든다.

미트볼을 만들 때는 고기를 최대한 곱게 갈아야 한다. 이탈리아에서는 정육점에서 이 일을 대신해준다. 구입해온 고기의 입자가 크다고 느껴지면 푸드 프로세서에 한 번 더 갈아서 쓰는 것이 좋다.

파스타
고운 세몰리나 가루 400g
미지근한 물 200ml
소금 1자밤

토마토소스
엑스트라버진 올리브유 3TS
깍둑 썬 양파 1개
마늘 1쪽(약간의 소금과 함께 으깬 것)
토마토 파사타 750g
생바질 3~4줄기
칠리 플레이크 ½ts(선택)
소금

미트볼
간 돼지고기 300g
간 소고기 300g
고운 빵가루 40g
페코리노 치즈 간 것 50g(파르미자노 레자노 치즈도 괜찮지만, 풀리아 모차렐라 치즈는 안 됨)
잘게 썬 파슬리 2TS
와인 2TS
달걀 1개
소금, 후추
즉석에서 간 너트메그 약간(취향에 따라 조절)
식물성 기름(미트볼을 익히는 용도)

고명
페코리노 치즈 또는 리코타 살라타 치즈* 가루

21쪽의 설명대로 파스타 반죽을 만든다. 반죽을 약 2mm 두께로 넓게 민 다음, 2cm 폭의 넓적한 끈 모양으로 자른다. 한 손으로 끈의 끝을 잡고, 반대쪽 손바닥으로 끈을 반죽판에 대고 두 번 밀어서 꽈배기처럼 비비 꼰다. 이어 끈을 180도 돌려서 꼬이지 않은 쪽도 똑같이 밀어 꼬아준다. 끈이 너무 길어서 거추장스럽다면 반으로 접어 마른행주 위에 가지런히 놓는다. 이상의 과정을 계속 반복해 남은 반죽을 모두 사녜로 만든다. 완성된 사녜는 몇 시간 동안 그대로 두어도 괜찮다.

이제 토마토소스를 준비한다. 소스팬에 올리브유를 넣고 뜨겁게 달군 뒤 양파를 투명해질 때까지 볶는다. 이어 마늘을 추가해 1분쯤 더 볶다가 토마토 파사타와 바질을 넣는다. 소금으로 간을 하고, 원할 경우 칠리 플레이크까지 넣어준 뒤 30분쯤 뭉근하게 끓인다.

이번엔 작은 미트볼(폴페티네)을 만들 차례다. 큰 볼에 기름을 제외한 모든 재료와 후추, 너트메그, 넉넉한 양의 소금을 한꺼번에 넣고 잘 치대서 반죽한다. 이것을 1ts만 떠서 기름에 튀긴 다음 간이 맞는지 맛본다.

손에 물을 묻혀 구슬 크기의 미트볼을 빚는다. 작은 프라이팬(스킬릿)에 식물성 기름을 넉넉히 붓고 적당한 온도가 될 때까지 가열한다. 뜨거운 기름에 미트볼을 한 번에 몇 개씩 넣고 갈색이 나게 튀기듯 익힌다(속까지 완전히 익힐 필요는 없다). 이어 토마토소스 냄비에 넣고 15분쯤 더 끓여서 속까지 다 익었지만 육즙이 촉촉하게 남아 있는 미트볼을 완성한다.

큰 냄비에 소금물을 팔팔 끓여서 사녜를 넣고, 물이 다시 끓어오른 시점부터 4분 동안 익힌다. 사녜를 건져서 미트볼 토마토소스와 고루 섞고, 치즈 가루를 듬뿍 뿌린다. 평생 동안 이어온 우정을 축복하며 맛있게 먹는다.

7

국물 파스타

파스타시우타pastasciutta는 이탈리아어로 국물에 익힌 뒤 건져서 소스에 버무린 파스타를 가리킨다. 그러나 이번 장에서는 고기 국물인 브로도brodo를 함께 먹는 파스타 요리들을 소개한다. 스톡(육수)을 만드는 데 시간이 많이 걸리기 때문에 전통적인 것과 특별한 날에 먹는 것의 구분은 따로 없다. 먼저 고기로 스톡을 끓이고(이 고기는 메인 요리로 먹는다), 그 스톡에 파스타를 천천히 익힌다. 3장에서 소개한 파스타 콩 수프도 국물 파스타의 한 유형이다. 이번 장의 레시피는 모두 이탈리아 북부 요리다.

€ 16,90
€ 24,90
€ 7,90

스톡(브로도)

넉넉한 8인분

이번 장의 레시피들은 모두 스톡을 끓이는 것으로 시작한다. 물론 할머니들의 레시피는 저마다 조금씩 차이가 있지만, 공통된 한 가지는 다양한 고기를 섞어서 쓴다는 것이다. 소고기, 닭고기는 물론이고 돼지고기를 쓸 때도 있으며, 사르데냐 섬과 아브루초 주에서는 양고기까지 사용한다. 북미나 유럽의 다른 나라와 달리 이탈리아에서는 구운 뼈가 아닌 신선한 살코기를 푹 끓여서 육수를 만든 뒤 그 고기를 메인 코스로 조리해 먹는다. 스톡은 토르텔리니tortellini나 카펠레티cappelletti같이 특별한 날을 위한 파스타 요리에 쓰이며, 냉동하면 3개월까지 두고 먹을 수 있다.

고기 약 1.5kg(닭다리, 닭날개, 소갈비, 소 목심, 양지, 돼지 목심 등)
양파 1개(4등분한 것)
셀러리 2줄기
당근 1개
월계수 잎 1장
통후추 6알
신선한 토마토 약간(여름철 육수는 생토마토를 넣고 끓이면 빛깔이 곱다)
소금 수북하게 1ts

물이 4L쯤 들어가는 커다란 스톡용 냄비(곰솥)를 준비한다. 냄비에 모든 재료를 한꺼번에 넣고 물을 테두리에서 5cm쯤 내려온 지점까지 붓는다(나는 날고기를 끓일 때 나는 냄새가 싫어서 항상 처음부터 소금을 넣는다. 소금을 넣으면 구수한 냄새로 바뀌기 때문이다. 물론 마지막에 소금 간을 해도 상관없다). 냄비 뚜껑을 덮고 불에 올려 끓기 시작하면 불을 줄이고 지저분한 부유물을 걷어내가며 1시간 30분 이상 뭉근하게 끓인다. 불을 끄고 그대로 고기를 식힌다. 식은 고기는 라비올리용 필링으로 쓰거나 이탈리아 사람들처럼 살사 베르데*를 올려서 먹는다.

스톡을 체에 밭여 건더기를 걸러낸 다음, 실온으로 식혀서 하룻밤 동안 냉장한다. 이튿날 스톡 표면에 생긴 굳은 기름을 걷어내고 바로 사용하거나 냉동 보관한다. 본 레시피로는 약 4리터가 나온다.

파스타와 함께 내는 스톡의 양은 수프 그릇의 크기에 따라 달라지겠지만, 한 그릇에 200ml 정도면 적당하다. 파스타를 조리할 때는 식탁에 낼 때보다 더 많은 스톡이 필요하다. 이 경우 다른 수프에 쓰고 남은 스톡을 활용해도 좋다.

마리아 할머니의

카펠레티 수프

6인분

여든다섯 살 마리아 할머니는 여전히 파스타를 만드는 일이 즐겁다. 특히 반죽을 밀대로 미는 작업이 재미있다고 한다. 할머니는 좋아하는 카펠레티 반죽의 재료로 늘 한 가지 브랜드 제품만 쓴다. 세몰리나 가루는 데체코De Cecco, 파스타용 밀가루는 몰리노 스파도니Molino Spadoni다. '작은 모자'라는 뜻의 카펠레티는 중세부터 만들어온 파스타로, 예전에는 크리스마스에 먹는 특별식이었지만 현재는 아무 때나 먹을 수 있다. 에밀리아로마냐 주에서는 다양한 필링으로 카펠레티의 속을 채운다. 파엔차 사람들은 여러 종류의 치즈를 넣는데, 마리아 할머니는 현지에서 생산된 부차텔로bucciatello라는 소프트 치즈와 파르미자노 레자노 치즈, 리코타 치즈를 동일한 비율로 섞어서 쓴다. 부차텔로를 구하기 힘들 경우, 로비올라 치즈 같은, 포크로 으깰 수 있을 정도의 소프트 또는 세미 소프트 치즈로 대체한다.

스톡 4L(203쪽 참조)

파스타

00밀가루 또는 일반(다목적) 밀가루 200g
고운 세몰리나 가루 100g
달걀 3개

필링

파르미자노 레자노 치즈 가루 200g(36개월 이상 숙성된 것 추천)
우유 리코타 치즈 200g(수분을 뺀 무게)
소프트 치즈 200g(로비올라 또는 부차텔로 치즈 추천)
달걀노른자 1개
즉석에서 간 너트메그 가루 ¼ts

고명

파르미자노 레자노 치즈 가루

18쪽의 설명대로 달걀 파스타 반죽을 만들어서 최소 1시간 이상, 가능하면 하룻밤 동안 휴지시킨다.

반죽을 넓게 민 다음, 사방 5cm의 정사각형으로 자른다. 마리아 할머니는 이때 파스타 커터를 이용하지만, 자를 대고 칼로 잘라도 된다. 카펠레티를 만드는 동안 나머지 반죽 조각이 마르지 않도록 계속 마른행주로 덮어둔다.

필링을 준비한다. 세 가지 치즈를 곱게 으깬 뒤 달걀노른자와 너트메그를 넣고 고루 섞는다. 이것을 구슬 크기로 조금씩 떠서 네모난 반죽 조각의 한가운데 일일이 올린다. 반죽을 대각선으로 접어 필링을 덮은 뒤, 삼각형 모서리 부분을 손가락으로 꼭꼭 눌러 봉한다. 이어 삼각형의 뾰족한 양쪽 끝을 구부려 서로 단단히 맞붙이면 작은 모자 모양의 카펠레티가 완성된다. 준비한 필링을 다 쓸 때까지 같은 과정을 계속 반복한다. 레시피대로 필링을 준비했다면, 약 70개의 카펠레티를 만들 수 있다.

서빙 그릇을 따뜻하게 데우고, 큰 냄비에 스톡을 덜어 약하게 끓인다. 끓는 스톡에 카펠레티를 몇 번에 나누어 조심스럽게 넣고 5분쯤 삶은 뒤 익었는지 먹어본다.

서빙 그릇에 파스타와 스톡을 적당히 퍼담아 곧장 식탁에 올린다. 파르미자노 레자노 치즈는 각자 취향껏 뿌려 먹는다. 남은 스톡은 다른 수프를 만들 때 활용할 수 있다.

지젤라 할머니의

스폴리아 로르다

4~6인분

지젤라 할머니는 파엔차에 산다. 만들기 쉬운 이 파스타는 파엔차 근처의 브리지겔라라는 도시 남쪽에 있는 한 작은 마을에서 처음 생겨났다. 로르다lorda는 이탈리아어로 지저분하다는 뜻이다. 이름만 들으면 치즈 필링을 엄청 넉넉하게 넣어야 할 것 같은 느낌이 들 것이다. 원래 이 요리는 카펠레티에 넣고 남은 필링을 다 써버리기 위해 만들던 파스타다. 또 카펠레티를 접는 데 질렸을 때 재미로 만들던 파스타이기도 하다!

따라서 앞서 소개한 레시피에 나오는 필링을 똑같이 사용해도 된다. 하지만 지젤라 할머니는 치즈의 조합을 약간 다르게 해서, 파엔차 근처가 아니고는 구하기 힘든 캄파뇰로 로마뇰로Campagnolo Romagnolo라는 치즈를 넣는다. 앞서와 마찬가지로, 구할 수 있으면 로비올라 치즈로 대체해도 좋다. 톡 쏘는 맛의 치즈는 조금 단단하더라도 포크로 으깨질 정도여야 한다.

스톡 4L(203쪽 참조)

파스타

00밀가루 또는 일반(다목적) 밀가루 300g
고운 세몰리나 가루 50g
통밀가루 50g
달걀 4개

필링

파르미자노 레자노 치즈 가루 100g(24개월 이상 숙성된 것 추천)
톡 쏘는 맛의 소프트 치즈 150g(로비올라 치즈 또는 생염소치즈 등)
수분을 뺀 리코타 치즈 100g
큰 달걀 1개
즉석에서 간 너트메그 가루 ¼ts
소금 약간

고명

파르미자노 레자노 치즈 간 것

18쪽의 설명에 따라 달걀 파스타 반죽을 만든 뒤 손이 비쳐 보일 만큼 얇고 넓게 민다. 스폴리아를 반으로 접고, 접힌 부분을 손으로 살짝 누른 다음 도로 펼치면 스폴리아의 중심에 접혔던 자국이 생긴다.

준비한 치즈를 모두 으깨서 달걀과 함께 고루 섞는다. 너트메그 가루를 넉넉히 갈아넣고, 소금으로 간을 맞추어 뭉친 곳 없이 매끈하고 질척하지 않은, 부드러운 곤죽 상태의 필링을 완성한다. 스폴리아의 절반에 치즈 필링을 스패튤러로 얇고 고르게 펴바른다. 이때 가장자리는 1cm쯤 여백을 남긴다. 이어 필링을 바르지 않은 쪽을 들어서 반으로 접은 다음 손바닥으로 살살 두들겨서 반죽을 맞붙인다. 치즈 필링이 접착제가 되는 셈이다. 안쪽에 기포가 생기지 않도록 포크로 표면 곳곳을 가볍게 찔러준다. 물결무늬 파스타 커터를 이용해 파스타를 우표 크기로 자른다. 익히기 전에는 조각조각 따로 떼어놓지 않아도 된다.

큰 냄비에 스톡을 담아 약하게 끓인다. 넓은 스패튤러를 이용해 파스타를 몇 번에 나누어 끓는 스톡에 조심스럽게 넣는다. 이 파스타는 여느 파스타보다 천천히 익히는 것이 좋다. 약 2분 뒤 파스타가 둥둥 떠오르면 다 익은 것이지만 맛을 보고 확인한다.

파스타와 스톡을 적당히 퍼서 수프 그릇에 담고, 파르미자노 레자노 치즈 가루를 뿌린 뒤 곧바로 먹는다.

크리스티나 할머니의

토르텔리니 수프

넉넉한 12인분

크리스티나 할머니는 언제부터 파스타를 만들기 시작했는지 기억하지 못한다. 정확하진 않지만 다섯 살 무렵이었을 거라고 한다. 하지만 파스타에 대한 열정이 불붙은 것은 평생 담배 공장에서 일하다가 은퇴한 뒤부터다. 최근 그녀는 할머니에게 물려받은 레시피로 토르텔리니 요리를 만들어 가족과 친구들은 물론 그들의 친구들까지 불러 먹이는 게 낙이다. 은퇴한 철도 엔지니어(볼로냐에는 큰 조차장이 있다)인 남편 잔니 할아버지는 아내를 도와 수학 계산을 해준다. 토르텔리니는 개당 무게가 2g이고, 필링 1kg으로 만들 수 있는 토르텔리는 2kg이며, 토르텔리니 1인분은 (10개의 추가분을 포함해) 40~50개는 되어야 한다는 것이 할아버지의 계산 결과다. 하지만 크리스티나 할머니는 여전히 모든 것을 눈대중으로 한다. 신기한 점은 그렇게 해도 정확히 딱 맞아떨어진다는 것이다.

토르텔리니는 볼로냐를 대표하는 요리로 당연히 볼로냐 상공회의소에 공식 레시피가 등록되어 있다. 이 레시피에 따르면 필링은 돼지 등심과 프로시우토 prosciutto, 모르타델라mortadella 햄, 파르미자노 레자노 치즈를 동일한 비율로 섞어 만든다. 크리스티나 할머니는 이 레시피를 따르는 대신 자신의 할머니가 물려주신, 아마도 공식 레시피보다 더 오래되었을 레시피를 이용한다.

조금씩 다른 재료를 써도 늘 맛이 보장되는 이 요리는 크리스마스 파티의 주메뉴다. 그러나 요즘은 사시사철 언제라도 먹을 수 있다. 잔니 할아버지의 집에서는 보통 일주일에 한 번 일요일 점심으로 먹는다고 한다.

토르텔리니는 만드는 과정은 다소 번거롭다. 크기가 엄청 작아서 손이 빨라야 하고, 스폴리아는 부드러우면서도 탄력 있어야 한다. 크리스티나 할머니는 토르텔리니를 만드는 동안 나머지 반죽이 마르지 않도록 비닐로 덮어둔다. 할머니의 어머니는 비닐 대신 물에 적신 행주를 쓰거나, 아예 젖은 식탁보 위에서 토르텔리니를 만들었다고 한다.

손이 느린 편이라면, 반죽을 한꺼번에 다 밀지 말고 3덩이로 나누어 작업한다. 네모난 스폴리아 조각이 점점 마르고 있을 경우, 한데 모아 겹겹이 쌓아두면 수분이 날아가는 속도를 늦출 수 있다.

필링을 하루 전에 미리 만들어두면 각 재료의 맛이 서로 어우러지면서 풍미가 더 좋아진다. 밤새 냉장고에 넣어둔 필링은 사용 전에 미리 꺼내서 실온 상태로 써야 한다. 파스타 반죽도 미리 만들어 하룻밤 동안 냉장 보관해도 되는데, 이 경우 사용하기 3시간 전에 미리 꺼내 놓으라고 크리스티나 할머니는 말한다.

레시피는 다음 페이지에

스톡 4L(203쪽 참조. 크리스티나 할머니는 양파를 껍질째 넣고 끓여서 황갈색이 도는 육수로 만든다. 양파에는 정향 2개를 박아둔다)

파스타

00밀가루 또는 일반(다목적) 밀가루 500g

달걀 5개

필링

돼지 등심 230g

프로시우토 100g

모르타델라 햄 230g

파르미자노 레자노 치즈 가루 100g(30개월 이상 숙성된 것 추천)

소금 1TS

달걀 1개

즉석에서 간 너트메그 가루 약간(취향에 따라 조절)

필링을 준비한다. 육류는 질감이 서로 다르므로 각각 따로 다진다. 미트볼을 만들 때처럼 부드러운 식감을 내려면 최대한 곱게 다지는 게 좋다(이탈리아의 내 단골 정육점에서는 고기를 기계로 세 번씩 간다). 다진 육류와 치즈, 소금, 달걀을 한데 섞어 두 손으로 충분히 치댄다. 이것을 조금 떼어 물에 삶거나 전자레인지로 익힌 다음 맛을 본다. 크리스티나 할머니는 익히지 않고 날것을 바로 맛본다. 필링은 간이 약간 짭짤해야 한다.

18쪽의 설명대로 달걀 파스타 반죽을 만들어 휴지시킨 다음 밀대로 얇게 민다(209쪽 크리스티나 할머니의 팁 참조). 할머니는 특수한 파스타용 롤러로 반죽을 사방 3cm 길이의 정사각형으로 자른다. 롤러 대신 날카로운 칼과 자, 또는 민무늬 파스타 커터를 이용해도 좋다.

필링을 완두콩 크기 정도로 떼어 사각형 반죽 조각의 한가운데에 일일이 올린다. 사각형 반죽을 대각선으로 접은 다음, 엄지손가락과 집게손가락으로 삼각형의 한쪽 귀퉁이를 잡고 반대쪽 귀퉁이를 집게손가락 쪽으로 구부려서 서로 단단히 맞붙이면 뾰족한 뿔이 달린 통통하고 귀여운 토르텔리니가 완성된다. 자, 이 과정을 앞으로 499번만 더 반복하면 된다!

완성된 파스타는 쟁반에 담아 마른행주를 덮어두면 몇 시간 동안 그대로 두어도 된다. (이때 바로 냉동시켰다가 필요할 때 꺼내 써도 좋다. 이 경우, 해동하지 말고 언 상태 그대로 끓는 스톡에 넣어 익힌다.)

수프 그릇을 따뜻하게 데운다. 큰 냄비에 스톡을 덜어 끓인다. 약하게 끓기 시작하면 토르텔리니를 넣고 3분쯤 익힌다(냉동 상태라면 좀 더 익혀야 한다). 500개를 모두 익히려면 몇 번에 나누어 조리해야 하므로, 사람들을 줄 서서 기다리게 하는 수밖에 없다.

따뜻한 수프 그릇에 1인당 약 40개씩 토르텔리니와 국물을 담아내면 끝이다.

사라 할머니의

파사텔리 수프

4~6인분

파사텔리passatelli는 빵가루로 만든 통통한 치즈맛 면으로, 에밀리아로마냐 주와 마르케 주 북부의 향토 음식이다. 생김새가 꿈틀대는 지렁이 같기도 하지만, 그렇다고 이 파스타를 멀리할 필요는 없다. 레시피는 지역에 따라 조금씩 다르다. 내륙 지방에서는 고기 스톡에 익히는 반면, 해안 지방에서는 해산물 스톡에 익히고 파스타 반죽에도 너트메그 대신 레몬 제스트가 들어간다. 파사텔리는 전통적으로 말라서 딱딱해진 빵을 활용하기 위해 만든 파스타다. 따라서 며칠 묵은 빵을 모래알처럼 아주 곱게 갈아서 써야 한다.

요즘은 파사텔리를 육수가 아닌 소스에 버무려 파스타시우타로 먹기도 한다. 특히 주키니 호박 스튜와 훌륭한 조화를 이룬다.

이 레시피에서 밀가루를 사용한다면 요리사로서 실패를 인정하는 것과 같다. 밀가루를 전혀 넣지 않고도 풀어지지 않는 파스타를 만드는 것이 이 레시피의 포인트이기 때문이다. 그동안 나는 밀가루가 전혀 들어가지 않은 파사텔리를 만들려고 몇 번이나 시도했지만 결과는 모두 실패였다. 원인은 아마 빵인 듯하다. 사라 할머니는 파사텔리를 2개만 먼저 익혀서 테스트하라고 조언한다. 그 2개가 서로 달라붙지 않고 풀어지면, 반죽에 밀가루를 조금 더 추가한다.

사라 할머니의 레시피에서는 달걀 1개당 고운 빵가루 40g과 24개월 이상 숙성된 파르미자노 레자노 치즈 가루 50g이 사용된다.

스톡 4L(203쪽 참조)

파스타

달걀 3개
마른 빵으로 만든 고운 빵가루 120g
파르미자노 레자노 치즈 간 것 150g
 + 추가분(고명용)
일반(다목적) 밀가루 1TS
즉석에서 간 너트메그 가루 ½ts(또는 레몬 제스트)
소금 ¼ts

파스타 재료를 모두 함께 섞어서 덩어리진 부분 없이 뻑뻑한 반죽을 만든다. 잘 뭉치지 않고 무너진다면 빵가루를 조금 더 넣는다. 반죽을 마른행주로 덮어 30분 동안 휴지시킨다.

큰 냄비에 스톡을 붓고 약하게 끓인다. 접시를 대놓고 파스타 반죽을 포테이토 라이서에 딱 맞는 크기로 잘라 넣은 뒤 라이서의 손잡이를 꽉 쥐어서 내린다. 접시에 떨어진 반죽을 조금 집어서 끓는 스톡에 넣고 익힌다. 반죽이 풀어져서 폴렌타처럼 될 경우, 반죽에 밀가루를 약간 더 넣고 다시 치댄다.

반죽 상태가 마음에 들면 뚝뚝 잘라서 포테이토 라이서에 넣고 다시 내린다. 파사텔리는 짤막한 국수의 형태이므로, 밑으로 떨어지는 반죽을 가위나 칼을 이용해 약 7cm 길이로 끊는다. 끓는 스톡에 파사텔리를 넣고 뭉근히 익힌다. 약 2분 뒤 위로 떠오르면 1분만 더 기다렸다가 익었는지 확인한다.

따뜻하게 데워 둔 수프 그릇에 파사텔리와 국물을 담고, 취향에 따라 파르미자노 레자노 치즈 가루를 더 뿌려서 곧바로 먹는다.

지나 할머니의

파르마식 미트 라비올리

넉넉한 8~10인분

아놀리니anolini는 이탈리아 북부 파르마와 피아첸차 일대에서 먹는 라비올리다. 포 강 건너편의 크레모나 지역에서는 마루비니marubini라고 부른다. 작은 반달 모양의 이 라비올리는 소고기와 파르미자노 레자노 치즈로 만든 풍부한 맛의 필링이 채워져 있다. 그래서 옛날에는 귀족과 부자들만 먹을 수 있었다. 요즘은 크리스마스이브에 온 가족이 둘러앉아 다음날 점심에 먹을 아놀리니를 함께 만든다.

요리에 대한 열정이 넘치는 지나 할머니는 젊은 시절 요식업계에 뛰어들어 레스토랑을 열지 못한 것이 후회된다고 한다. 대신 가족과 친구들을 위해 즐거운 마음으로 파스타를 만든다.

이 레시피로 만든 소고기 스튜는 아놀리니에 필요한 양보다 훨씬 많다. 따라서 다음번 식사를 준비할 때 활용하도록 한다. 라비올리를 찍어낼 때는 테두리가 깔쭉깔쭉한 약 3cm 지름의 원형 스탬프가 필요하다. 스탬프가 없다면, 같은 모양의 쿠키 커터를 이용해도 된다.

스톡 4L(203쪽 참조)

파스타
00밀가루 또는 일반(다목적) 밀가루 400g
달걀 4개

소고기 필링
버터 15g
깍둑 썬 양파 1개
깍둑 썬 소 어깻살 500g
깍둑 썬 당근 2개
깍둑 썬 셀러리 2줄기
정향 2개
타임 2줄기
레드와인 ½병
빵가루 100g
달걀 1개
파르미자노 레자노 치즈 가루 200g
즉석에서 간 너트메그 가루 약간(취향에 따라 조절)
소금

먼저 필링을 준비한다. 캐서롤에 버터를 녹여 양파를 무를 때까지 볶는다. 이어 쇠고기, 채소, 정향, 타임, 와인, 소금 ½을 넣고 뚜껑을 덮어 약한 불에서 3시간쯤 뭉근하게 익힌다. 중간에 물이 부족하면 좀 더 추가한다. 소고기가 포크로 부술 수 있을 만큼 푹 무르면 불을 끄고 그대로 식힌다.

익힌 소고기 200g을 푸드 프로세서에 넣고 곱게 간다. 간 고기에 나머지 필링 재료와 냄비에 남은 스튜 국물 50~100ml를 넣고 소금 간을 한 뒤 고루 섞는다. 너무 뻑뻑하면 스튜 국물을 조금 더 넣고 충분히 치대서 매끈한 페이스트 상태로 만든다. 지나 할머니는 이것을 하룻밤 숙성시켜서 모든 재료의 맛이 더 잘 어우러지게 한다. 그러려면 아놀리니를 만들기 이틀 전부터 준비를 시작해야 한다.

18쪽의 설명대로 달걀 파스타 반죽을 만든다. 반죽을 약 1mm 두께로 얇게 민 다음, 약 8cm 폭으로 자른다. 수분이 마르지 않도록 깨끗한 마른행주로 덮어놓는다. 소고기 필링을 올리브 열매만큼씩 떼어서 기다란 반죽의 절반에 6cm 간격으로 드문드문 올린다. 반죽의 나머지 절반 쪽을 접어서 필링을 덮은 다음, 필링을 감싸쥐듯 네 손가락을 구부린 채로 손날로 반죽을 톡톡 때려 위아래 반죽을 단단히 맞붙인다. 이렇게 미리 공기를 빼야 아놀리니를 익힐 때 빵빵하게 부풀어 오르는 것을 막을 수 있다. 라비올리 스탬프로 동그랗게 찍어 낸 뒤 쟁반에 넓게 펼쳐놓고, 남은 반죽과 필링을 다 쓸 때까지 같은 과정을 반복한다. 스탬프로 찍어낼 때 생기는 자투리 반죽도 한꺼번에 모아 다시 뭉쳐서 쓴다. 레시피대로 하면 약 150개의 아놀리니가 나온다.

약하게 끓는 스톡에 아놀리니를 넣고 3분쯤 익힌다. 수프 그릇에 적당량의 국물과 함께 담아 식탁에 올린다.

안나 할머니의

공작부인의 달팽이 파스타

4인분

처음 안나 파지 할머니를 만난 것은 크레슈타이엣 레시피를 촬영하기 위해서였다. 하지만 우리를 만난 할머니는 루마켈레 델라 두케사Lumachelle della Duchessa를 만들면 안 되겠느냐고 말했고, 나는 당연히 좋다고 했다. 파스타 이름이 '공작부인을 위한 달팽이'라니, 정말 흥미롭지 않은가?

공작부인을 위한 달팽이 파스타는 이탈리아 중부 페자로 에 우르비노 지역의 특별 요리다. 달팽이는 향긋한 시나몬 향이 밴 작고 섬세한 골무늬 파스타로, 미니 가르가넬리(161쪽 참조)와 비슷하다. "나도 이 요리를 자주 만들지는 않아요. 레시피가 복잡한 데다 손이 너무 가니까요. 이 파스타가 처음 만들어진 15세기에는 시나몬 같은 재료들이 무척 귀하고 비쌌을 거예요. 그래서 특별한 날에만 먹는, 심지어 공작부인을 위한 파스타였겠죠."

특별한 날이란 아기가 태어난 날이었다. 그 시대에 귀족 여성들은 출산 후 40일 동안 몸조리를 했고, 기력 보충을 위해 이 요리를 먹었다고 한다. 지시에 따라 파스타를 만든 요리사는 바깥세상과 접촉할 일이 거의 없는 이 지역 수녀들이었다. 이는 그 시절 복잡하고 섬세한 조리 과정을 수행할 만한 시간 여유가 있는 사람은 그들뿐이었다는 방증이기도 하다. 원조 레시피에서는 작은 달팽이 모양 파스타를 거세 수탉으로 끓인 스톡에 익혀서 닭 내장(특히 닭 위장)을 가니시로 올렸다. 이는 귀족 산모를 위한 최고의 건강식으로 여겨졌다.

"굳이 달팽이를 만들고 싶지 않다면, 얇게 민 반죽을 그냥 '콰드루치(작은 사각형)'로 잘라도 돼요. 그래도 맛은 똑같으니까요." 다양한 파스타를 좋아해서 이 파스타도 제대로 만들어보고 싶다면, 가르가넬리(카바텔리)를 만들 때 쓰는 보드와 막대, 그리고 엄청난 시간이 필요하다. 안나 할머니는 페티네pettine라는 작은 직조기 같은 틀과 부들 줄기를 사용한다.

양질의 소고기 또는 닭고기로 끓인 스톡 1L
(203쪽 또는 238쪽 참조)

파스타

0밀가루 또는 일반(다목적) 밀가루 200g
파르미자노 레자노 치즈 간 것 10g
시나몬 가루 1ts
즉석에서 간 너트메그 가루 ½ts
흑후추 ½ts
달걀 2개

고명

파르미자노 레자노 치즈 간 것(닭 위장 아님!)

밀가루에 치즈 가루와 향신료를 고루 섞는다. 한가운데를 살살 휘저어 우묵하게 판 뒤 달걀을 깨뜨려 넣는다. 18쪽의 설명대로 파스타 반죽을 만들어 30분 동안 휴지시킨다. 반죽을 밑에 놓인 반죽판이 비쳐 보일 만큼 최대한 얇게 민다.

얇게 민 스폴리아를 2cm 폭의 끈 모양으로 길게 자른다. 이렇게 자른 것을 파파르델레라고 한다. 파파르델레의 한쪽 끝을 잡고 가르가넬리 막대에 딱 한 바퀴만 감아서 작은 튜브 모양을 만든다. 길게 이어진 나머지 부분은 잘라내고, 솔기를 꼭꼭 눌러서 봉한다. 이런 식으로 막대에 일정한 간격을 두고 달팽이 몇 마리가 붙어 있는 것처럼 만든다(아마 대여섯 마리면 막대가 꽉 찰 것이다). 이어 달팽이가 붙어 있는 막대를 가르가넬리 보드에 대고 살살 굴려서 작은 골무늬를 새긴다. 막대에 붙은 달팽이를 조심스럽게 쟁반 위에 떨어낸다. 남은 반죽을 다 쓸 때까지 이 과정을 계속 반복한다.

수프 그릇을 따뜻하게 데워놓고, 큰 냄비에 스톡을 약하게 끓인다. 달팽이를 끓는 스톡에 넣고 1~2분쯤 삶은 다음 익었는지 먹어본다. 달팽이를 국물과 함께 수프 그릇에 퍼담고, 파르미자노 레자노 치즈 가루를 약간 뿌린다. 이 파스타는 먹기 전에 향부터 맡아야 한다. 시나몬 향이 요리의 전체적인 풍미를 놀랄 만큼 살려준다.

안나 할머니는
'페티네'라는 작은
직조기 같은 틀과
부들 줄기를 사용한다.

벨리아 할머니의
카펠레티 수프

4인분

벨리아 할머니와 남편 베난초 할아버지는 우리 집에서 멀지 않은 이웃 마을에 산다. 그래서 그들이 농장에서 일하는 모습을 종종 본다. 2016년에 일어난 지진으로 어쩔 수 없이 이 마을로 이사를 왔지만, 요즘도 매일같이 1km쯤 떨어져 있는 옛 집으로 향한다. 그 집은 베난초 할아버지가 태어나서 자란 곳으로, 친골리 호수와 1년에 절반은 꼭대기에 흰 눈이 쌓여 있는 시빌리니 산맥이 한눈에 보인다. 그들의 농장에는 작은 포도밭과 자유롭게 풀어놓은 닭들, 주렁주렁 열린 껍질콩과 주키니 호박까지 온갖 것들이 다 있다. 호수 건너편에는 벨리아 할머니가 태어난 집도 보인다.

벨리아 할머니는 오랫동안 유니폼을 만드는 공장에서 일했다. 완성된 옷을 다리미로 다리는 일을 맡았는데, 키가 작은 할머니는 의자에 올라서서 다림질을 해야 했다. 또 공장 사장이 소유한 작은 선술집의 요리사로도 일했는데, 공장 직원들은 대부분 이곳에서 식사를 했다. 열심히 다림질을 하다가도 시간이 되면 식당으로 달려가 점심 준비를 했던 것이다! 그러니 벨리아 할머니의 요리 솜씨는 굳이 설명이 필요 없을 것이다. 할머니에게 고기는 특별한 날에만 먹는 음식이다. 그녀는 고기보다는 텃밭에서 직접 키운 채소들을 훨씬 좋아한다. 요즘에는 '로 스메랄도Lo Smeraldo'라는 근처 레스토랑에서 카펠레티를 만든다. 에메랄드라는 뜻의 레스토랑 이름은 친골리 호수의 물빛을 설명해준다.

마르케주 사람들은 집집마다 고유한 카펠레티 레시피를 갖고 있다. 어떤 사람들은 고기 반죽을 익힐 때 로즈메리, 마늘, 화이트와인을 넣는다. 하지만 벨리아 할머니는 단순한 맛을 좋아한다. 카펠레티 마르키자니cappelletti marchigiani(마르케식 카펠레티)는 볼로냐식 토르텔리니(209쪽 참조)와 비슷하지만 똑같지는 않아서 필링에 칠면조고기가 들어간다.

벨리아 할머니는 식감을 좋게 하려면 미트 그라인더를 사용해야 한다고 말한다. 할머니 집에서는 손으로 돌려서 가는 구형 미트 그라인더를 쓰지만, 일반 믹서에 개별 부품을 장착해서 쓰는 제품도 있다. 어쩔 수 없을 경우, 푸드 프로세서로 대체해도 된다. 그러나 고기를 지나치게 곱게 갈아서 끈적한 페이스트처럼 만들면 안 된다. 카펠레티용 스폴리아는 원형으로 찍어내도 되지만, 벨리아 할머니는 자투리가 덜 생기는 사각형을 선호한다. 크기를 똑같이 맞추기 위해 자를 대고 사방 3cm의 정사각형으로 자른다. 카펠레티는 냉동 보관이 가능하므로, 전통적으로 이 요리를 먹는 날인 크리스마스이브를 앞두고 미리 만들어두어도 좋다. 조리할 때도 얼린 상태 그대로 끓는 스톡에 넣으면 되지만 좀 더 오래 익혀야 한다.

완성된 음식 사진은 다음 페이지에

스톡 3L(203쪽 참조)

파스타

00밀가루 또는 일반(다목적) 밀가루 400g
달걀 4개

필링

칠면조 가슴살 200g
기름기 적은 돼지 등심 200g
소고기(또는 송아지고기) 150g
버터 1TS
이탈리아 생소시지 1개(껍질을 벗기고 고기만 잘게 부순 것)
두툼한 모르타델라 햄 1조각
달걀 1개
파르미자노 레자노 치즈 가루 100g
즉석에서 간 너트메그 가루 ½ts
소금

고명

파르미자노 레자노 치즈 간 것

칠면조고기, 돼지고기, 소고기(또는 송아지고기)를 작은 덩어리로 썬다. 넓은 프라이팬(스킬릿)에 버터를 녹이고, 지글지글 끓으면 썰어둔 고기와 소시지 고기(모르타델라 햄 제외)를 넣고, 속까지 익도록 잘 지진다. 탈 것 같으면 물이나 와인을 약간 넣어준다. 익힌 고기는 그대로 식힌다.

완전히 식은 고기를 모르타델라 햄과 함께 미트 그라인더에 넣어 간다. 여기에 달걀, 파르미자노 레자노 치즈, 너트메그 가루를 넣고 고루 섞어 잘 치댄다. 맛을 보고 소금으로 간을 맞춘다. 짭짤할 정도가 되어야 나중에 결과물이 싱겁지 않다.

18쪽의 설명대로 파스타 반죽을 만든 다음, 밑에 깔린 식탁보의 무늬가 비쳐 보일 만큼 최대한 얇게 민다. 파스타 커터와 자를 이용해 사방 3cm 길이의 정사각형으로 자른다. 카펠레티를 만드는 동안 나머지 스폴리아가 마르지 않도록 비닐 또는 마른행주를 덮어둔다.

필링을 완두콩만큼씩 떼어 사각형 파스타의 한가운데에 일일이 올린다. 파스타를 대각선으로 접은 다음 모서리를 꼭꼭 눌러 아물린다. 양손의 엄지손가락과 집게손가락으로 양쪽 귀퉁이를 각각 잡고 구부려서 단단히 맞붙인다. 이때 맞붙인 솔기는 삼각형의 가운데 귀퉁이와 반대 방향을 향해야 한다. 남의 머리에 스카프를 씌워 턱 밑에서 매듭을 지을 때와 비슷하다. 사실 이 작업은 가족과 친구들을 불러서 함께 하면 좋다.

수프 그릇을 따뜻하게 데워놓고, 큰 냄비에 스톡을 부어 약하게 끓인다. 카펠레티를 뜨거운 스톡에 넣고 5분쯤 뭉근히 익힌 뒤 익었는지 먹어본다. 수프 그릇에 카펠레티와 국물을 적당히 퍼담고, 김이 모락모락 날 때 재빨리 파르미자노 레자노 치즈를 뿌려 국물에 녹아들게 한다.

8

라비올리와 토르텔리

라비올리와 토르텔리 같은, 반죽 안에 필링을 채운 형식의 파스타는 16세기 무렵에 생겨났다. 라비올리는 대개 원형이나 반원형, 사각형, 삼각형이지만, 토르텔리는 그 밖에도 다양한 모양을 띤다. 이번 장에서는 이탈리아 북부와 중부의 몇몇 지역에서만 쓰이는 식재료인 버터와 함께 먹는 라비올리와 토르텔리 요리를 중점적으로 소개한다.

반다 할머니의

호박 카펠라치

6인분

카펠라치 디 추카cappellacci di zucca는 호박 퓌레로 속을 채운 모자 모양의 라비올리로, 에밀리아로마냐 주에 있는 작은 도시 페라라의 향토 음식이다.

반다 손치니 할머니는 딸 마리아 그라치아, 손녀 엘레트라와 함께 포 델타에 자리한 '라 카파나 디 에라클리오'라는 가족 레스토랑을 운영한다. 이 카펠라치 레시피는 반다 할머니가 명절 같은 특별한 날 만드는 요리다. 반죽에 달걀노른자 1개를 추가로 넣으면 색감과 식감이 더 좋아진다. 원한다면 세몰리나 가루를 빼고 일반(다목적) 밀가루만 쓸 수도 있지만, 세몰리나 가루를 섞으면 반죽의 '씹는 맛'이 좋아진다. 늙은호박 대신 버터넛스쿼시호박을 써도 좋은데, 이 경우 소금을 뿌리지 않고 구워도 된다.

파스타

00밀가루 또는 일반(다목적) 밀가루 200g
고운 세몰리나 가루 200g
달걀 4개 + 달걀노른자 1개

필링

큼직한 호박 1개(6덩이로 썬 것)
굵은 바닷소금
즉석에서 간 너트메그 가루 ¼ts
파르미자노 레자노 치즈 간 것 100g
소금, 후추

고명

버터 120g
신선한 세이지 잎 넉넉히
파르미자노 레자노 치즈 가루

18쪽의 설명대로 달걀 파스타 반죽을 만들어 휴지시킨다. 오븐을 160℃로 예열한다.

호박을 큼직하게 썰어 씨를 제거한다. 저울로 계량해 1kg만 남기고, 나머지는 다른 요리에 사용한다. 오븐팬에 굵은 바닷소금을 두껍게 깐다. 소금은 호박에서 나온 수분을 흡수하는 역할을 한다. 소금 위에 호박을 올려 오븐에서 30~40분쯤 굽는다. 한 김 식힌 뒤 껍질을 제거하고 곱게 으깬다(호박을 체에 내리는 할머니의 방식은 덩어리나 섬유질이 포함되지 않은 순수한 호박 퓌레를 얻을 수 있어서 좋다). 여기에 너트메그와 파르미자노 레자노 가루를 넣고 고루 섞은 다음 소금과 후추로 간을 충분히 한다.

이제 파스타를 만들 차례다. 휴지시킨 반죽을 손이 비쳐 보일 만큼 얇은 약 1mm 두께로 민다. 파스타 커터나 칼로 사방 7cm 길이의 정사각형으로 자른다. 호박 필링을 1ts씩 떠서 사각형 반죽의 한가운데에 올린다.

반죽을 대각선으로 접어 삼각형으로 만든다. 엄지손가락과 집게손가락으로 삼각형의 양쪽 귀퉁이를 잡고 구부려서 단단히 맞붙이면 모자 모양의 카펠라치오(카펠라치의 단수형)가 된다. 카펠라치오가 하나씩 완성될 때마다 쟁반에 놓고 수분이 마르지 않도록 세몰리나 가루를 뿌리고 마른행주로 덮어둔다. 준비한 필링을 다 쓸 때까지 같은 과정을 반복한다.

큰 냄비에 파스타를 삶을 소금물을 끓인다. 또 다른 큰 냄비를 약한 불에 올려 버터를 녹인 다음, 세이지 잎을 넣고 바삭해질 때까지 그대로 둔다.

소금물이 약하게 끓기 시작하면, 카펠라치를 넣고 4분쯤 삶은 뒤 익었는지 먹어본다. 덜 익었다면 1분 정도 더 익힌다. 카펠라치를 조심조심 건져서 버터 소스 팬에 넣고 1분 동안 더 익힌다.

카펠라치를 조심스럽게 퍼서 서빙 접시 6개에 나누어 담는다. 버터 소스도 고르게 끼얹어준다. 즉석에서 간 파르미자노 레자노 치즈를 뿌려서 식탁에 올린다.

이 레시피는 여러 단계로 이루어져 있지만 크게 어렵진 않다.
단, 카펠라치를 만들 때는 약간의 연습이 필요하다.
온 가족이 함께 모여서 해도 좋다.

Pekin

모니카 할머니의

리코타 치즈와 레몬을 품은 바구니 파스타

넉넉한 4인분

모니카 벤투리 할머니는 동생 다니엘라 할머니와 함께 볼로냐 중앙 시장 뒤편에서 파스타 가게를 운영한다. 육류 유통업에 종사했던 아버지를 둔 덕에 자매는 어릴 적부터 좋은 음식이야말로 인생의 중요한 부분을 차지한다고 생각해왔다. 하지만 직접 파스타 가게를 열기로 결심한 것은 중년에 이르러서였다. "매우 자연스러운 선택이었어요. 우리 둘 다 파스타를 좋아하니까 파스타 만드는 일에 전적으로 매달려보자고 생각한 거예요."

모니카는 계속해서 말한다. "가게에서 파스타를 만들 때는 반죽을 예쁜 동그라미 모양으로 밀어선 안 돼요. 길고 넓적하게 밀어서 테이블 모서리 아래로 축 늘어지게 하는 게 훨씬 효율적이죠. 실제로 볼로냐의 전문 파스타 제조업자들은 모두 이런 식으로 반죽을 밀어요. 반죽할 때는 푸드 믹서를 이용하기도 해요. 워낙 양이 많으니까요. 하지만 롤링 머신은 절대 쓰지 않아요. 밀대로 밀지 않고 기계를 쓰면 파스타의 식감이 제대로 살지 않거든요.

체스티니cestini(바구니)는 저와 동생이 직접 개발한 저희 가게만의 고유한 파스타예요. 사실 고유하다는 말이 맞지 않을 수도 있어요. 다른 사람들도 이런 모양을 생각한 적이 있을 테니까요. 아무튼 저희는 이 모양이 우아하고 멋지다고 생각해요. 그래서 가게 문을 닫고 쉬는 '진짜' 일요일에는 이 파스타를 즐겨 만든답니다!"

파스타
00밀가루 또는 일반(다목적) 밀가루 300g
달걀 3개

필링
리코타 치즈 250g(수분을 뺀 무게)
파르미자노 레자노 치즈 가루 70g
레몬 제스트(레몬 1개 분량)

고명
버터 30g
시나몬 가루 2ts

18쪽의 설명대로 달걀 파스타 반죽을 만든다. 아래쪽의 반죽판이 비쳐 보일 만큼 얇게, 약 1mm 두께로 민 다음, 사방 7cm 길이의 정사각형으로 자른다. 모니카는 특수한 롤러를 이용하지만, 자와 파스타 커터로 대신해도 된다.

큰 볼에 필링 재료를 모두 넣고 고루 섞는다. 이것을 1ts씩 떠서 사각형 반죽의 한가운데 올린다. 사각형의 네 귀퉁이를 가운데로 모아서 서로 맞닿는 모서리를 손끝으로 꼭꼭 눌러 네 개의 솔기를 봉한다. 준비한 필링을 다 쓸 때까지 같은 과정을 계속 반복한다.

큰 냄비에 소금물을 끓인다. 약하게 끓기 시작하면 체스티니를 작은 체나 슬로티드 스푼에 몇 개씩 올려 물속에 넣고 3분 동안 삶는다. 그동안 작은 팬에 버터를 녹인다. 체스티니가 다 익으면 체나 슬로티드 스푼으로 건져서 접시에 담은 다음, 녹인 버터를 두 스푼씩 끼얹고 시나몬 가루를 뿌린다. 본 레시피는 체스티니 32개 분량으로, 1인당 8개씩 나눠 낸다.

주시 할머니의

바르바리가 카존첼리

넉넉한 10인분

다양한 이탈리아 파스타의 이름을 모두 알기는 힘들다. 이름이 똑같아도 종류가 다를 수 있고, 모양은 똑같은데 지역에 따라 부르는 이름이 다르기도 하다. 카존첼리casoncelli는 전자의 경우다. 롬바르디아 주 이세오 호수 남쪽에 있는 바르바리가 마을의 카존첼리는 꼬임이 없는 사탕 껍질 모양이다. 반면 이곳에서 25km 떨어진 도시 브레시아의 카존첼리는 나막신 모양이다. 16세기부터 만들어온 카존첼리는 남은 재료를 활용한 고기 필링을 채워넣은 라비올리다. 현재 바르바리가 카존첼리는 공식 레시피가 있으며, 주시 할머니가 이번 촬영에서 보여준 것도 바로 그 레시피다.

시금치와 세이지 잎은 할머니 집의 뒤뜰에서 따온 것이다. 남편이 유난히 채소를 좋아해서 뒤뜰을 모두 텃밭으로 꾸몄다고 했다. 이 요리를 만들 때는 친구들을 불러 모으는 게 좋다. 만들기 쉬워서 파티를 열기 위한 좋은 구실이 될 수 있다.

파스타

00밀가루 또는 일반(다목적) 밀가루 500g
달걀 4개 + 달걀노른자 2개

필링

시금치 200g
버터 2ts
깍둑 썬 돼지 등심 150g
굵게 채 썬 햄 150g
빵가루 200g
파르미자노 레자노 또는 그라노 파다노 치즈 간 것 150g
즉석에서 간 너트메그 가루(취향에 따라 조절)
스톡 약 50ml(재료를 뭉치게 만들기 위한 용도)
소금

고명

버터 100g
세이지 잎 10장
파르미자노 레자노 치즈 간 것

18쪽의 설명대로 파스타 반죽을 만들어 휴지시킨다.

시금치를 끓는 물에 1분 동안 데친 뒤 체로 건져서 물기를 꽉 짠다. 데친 시금치의 무게는 100g 정도다. 프라이팬(스킬릿)에 버터를 녹인 뒤 돼지고기를 넣고 중약불로 색깔이 나지 않게 지져서 속까지 완전히 익힌다. 푸드 프로세서에 익힌 돼지고기와 시금치, 햄을 넣고 간 다음, 소금 간을 한다.

빵가루, 치즈, 너트메그 가루를 돼지고기 반죽에 넣고 모든 재료가 하나로 뭉치도록 뜨거운 스톡을 약간 부어 고루 섞는다. 필링의 점도는 손으로 동그랗게 빚을 수 있을 정도가 좋다. 완성된 필링이 차갑게 식으면 맛을 보고 간을 맞춘다.

파스타 반죽을 2등분해서 약 1mm 두께의 얇은 반죽 2장으로 만든다. 이렇게 2장으로 나누면 작업하기가 훨씬 쉽다. 자와 칼 또는 파스터 커터를 이용해 반죽을 사방 7cm의 정사각형으로 자른다.

준비된 필링을 올리브 열매만큼씩 떼어서 사각형 반죽의 한가운데에 올린다. 반죽을 돌려 마름모가 되게 놓고, 뾰족한 아래쪽 끝부분을 들어올려 필링을 감싸면서 돌돌 만다. 다이아몬드의 뾰족한 위쪽 끝부분이 바닥에 깔린 상태(이 부분은 실질적으로 반죽판에서 움직이지 않는다)에서 필링의 양쪽 옆부분을 꾹꾹 눌러 반죽을 봉하면 카존첼리가 완성된다. 준비한 필링 또는 반죽을 다 쓸 때까지 같은 과정을 계속 반복한다.

서빙 접시를 따뜻하게 데워둔다. 큰 냄비에 소금물을 팔팔 끓여 카존첼리를 넣고 약 5분 뒤에 건져서 서빙 접시에 담는다.

프라이팬에 버터를 녹인 뒤 세이지 잎을 넣어 향을 우린다. 버터 소스를 카존첼리 위에 끼얹고, 치즈 가루를 뿌려서 곧바로 먹는다.

레온디나 할머니의

쐐기풀 토르텔리

6–8인분

레온디나 할머니는 에밀리아로마냐 주 파엔차 남쪽의 구릉지에 산다. 이른 아침, 안개가 골짜기에 피어올라 현대식 건물들을 부옇게 휘감을 때면 보이는 것은 뾰족한 언덕 꼭대기와 작은 교회의 첨탑들뿐이다. 이런 풍경은 300년 전에도 똑같았을 것이다. 할머니는 이곳에서 일곱 형제자매와 함께 어린 시절을 보냈다. 어머니의 고향이 아브루초여서 어릴 때는 스파게티 알 포모도로spaghetti al pomodoro(토마토소스 스파게티)를 가장 좋아했다. "어머니는 탈리아텔레를 많이 만들었어요. 물론 그때는 지금보다 훨씬 가난했기 때문에 달걀은 거의 넣을 수 없었죠." 이제 레온디나 할머니는 매주 일요일 가족들을 위해 리코타 치즈와 햄으로 속을 채운 칸넬로니cannelloni를 베샤멜소스와 라구 소스에 버무린 요리를 만든다.

"쐐기풀 토르텔리는 얼마나 좋은 재료를 쓰느냐에 따라 성공 여부가 가려져요. 나는 보통 리코타 치즈를 직접 만들어요. 맛은 양젖을 쓸 때가 더 좋고, 식감을 위해서는 일반 우유를 쓰는 게 낫죠. 그래서 나는 두 가지를 섞는답니다. 파르미자노 레자노 치즈는 적어도 24개월 이상 숙성된 제품을 사서 쓰고요." 쐐기풀은 끓는 물에 데쳐내기 전에는 반드시 비닐장갑을 끼고 만져야 한다. 물론 레온디나 할머니는 야생에서 쐐기풀을 채취할 때도 맨손으로 거리낌 없이 만진다. 토르텔리는 냉동이 가능하며, 조리할 때는 얼린 상태 그대로 끓는 물에 넣는다.

이 레시피에는 초봄에 갓 돋아난 연한 쐐기풀을 써야 한다. 이 시기를 놓쳤다면 쐐기풀을 시금치로 대체한다.

파스타

신선한 쐐기풀(또는 시금치) 120g
달걀 3개
엑스트라버진 올리브유 1TS
00밀가루 또는 일반(다목적) 밀가루 400g
세몰리나 가루(덧밀가루용)

필링

리코타 치즈(양젖이나 우유로 만든 것 또는 반반씩 섞은 것) 500g(수분을 뺀 무게)
쐐기풀 또는 시금치 150g
파르미자노 레자노 치즈 간 것 125g(24개월 이상 숙성된 것 추천)
즉석에서 간 너트메그 가루 약간(취향에 따라 조절)
소금

고명

버터 60g
세이지 잎 18장
파르미자노 레자노 가루

먼저 파스타를 준비한다. 큰 냄비에 물을 팔팔 끓여서 쐐기풀을 30초 동안 데친다. 체로 건져서 차가운 물에 헹군 뒤 물기를 꽉 짠다. 데친 쐐기풀의 양은 60g쯤 되어야 한다. 블렌더에 쐐기풀과 달걀, 올리브유를 넣고 봄을 연상시키는 푸릇한 액체가 되도록 곱게 간다.

반죽판이나 커다란 볼에 밀가루를 수북하게 쌓는다. 한가운데를 우묵하게 판 뒤 초록빛 액체를 붓는다. 손으로 밀가루와 액체를 살살 섞은 뒤 반죽을 시작한다. 약 15분 동안 충분히 치대서 매끈하고 윤기 나는 파스타 반죽을 만든다. 마른행주로 덮거나 뚜껑 있는 볼에 담아서 30분 동안 휴지시키고, 그동안 필링을 준비한다.

양젖으로 만든 리코타 치즈는 수분이 많은 편이다. 따라서 이 치즈를 사용한다면 먼저 체에 밭여 수분을 빼야 한다. 쐐기풀 또는 시금치를 끓는 물에 데쳐 물기를 최대한 꽉 짠다. 데쳐서 짠 잎채소의 양이 90g쯤 되어야 한다. 이것을 잘게 썰어 리코타 치즈, 파르미자노 레자노 치즈와 함께 잘 섞는다. 이어 즉석에서 간 너트메그 가루와 소금을 약간 넣고 맛을 본 다음 부족하다 싶으면 적절히 추가한다.

쟁반에 세몰리나 가루를 훌훌 뿌려서 준비해둔다. 휴지시킨 반죽을 약 1mm 두께로 넓게 민 다음, 사방 6cm의 정사각형으로 자른다. 필링을 호두알만큼씩 떼어 사각형 반죽의 한가운데 일일이 올린다. 반죽을 대각선으로 접은 뒤 가장자리를 꼭꼭 눌러 봉하면 삼각형 토르텔리가 완성된다. (레온디나 할머니는 반죽을 봉할 때 라비올리 스탬프를 이용한다.) 완성된 토르텔리는 미리 준비된 쟁반에 놓아두고, 나머지 반죽을 다 쓸 때까지 같은 과정을 반복해 약 90개를 만든다.

큰 냄비에 소금물을 팔팔 끓여 토르텔리를 조심스럽게 넣고 삶는다. 3분 뒤 익었는지 먹어본다. 그동안 다른 팬에 버터를 녹인 뒤 세이지 잎을 넣어 향을 우린다. 삶은 토르텔리를 슬로티드 스푼이나 체로 건져서 버터 소스에 넣는다. 치즈 가루 몇 스푼을 뿌리고 가볍게 섞어 치즈가 소스에 녹아들게 한다. 취향에 따라 치즈를 조금 더 뿌려서 곧바로 식탁에 올린다.

클라우디아 할머니의

허브 토르텔리

넉넉한 4인분

파르마는 음식을 사랑하는 사람이라면 이탈리아에 갔을 때 반드시 들러야 하는 도시다. 파르마 프로시우토와 파르미자노 레자노 치즈의 본고장인 데다 근방에는 발사믹 비네거로 유명한 모데나도 있다. 파르마 사람들은 태생적으로 음식에 대한 기준이 매우 높다. 동네마다 파스티피치pastifici(파스타 가게)도 있다. 클라우디아 할머니는 자신이 운영하던 파스타피치를 딸 카를로타에게 물려주고, 지금은 소소하게 가게 일을 돕고 있다. 토르텔리 데르베타tortelli d'erbetta(허브 토르텔리)는 파르마의 향토 음식으로, 클라우디아 할머니가 가장 즐겨 만드는 파스타이기도 하다. 그녀는 필링의 진한 맛을 위해 전유로 만든 리코타 치즈를 사용한다. 다양한 녹색채소를 쓸 수 있지만(시골에서는 야생에서 직접 채취한 쐐기풀을 쓴다), 클라우디아는 1년 내내 구하기 쉬운 근대를 선호한다.

파스타

00밀가루 또는 일반(다목적) 밀가루 400g
달걀 4개
세몰리나 가루(덧밀가루용)

필링

(줄기를 제외한) 근대 잎 170g
리코타 치즈 550g(수분을 뺀 무게)
파르미자노 레자노 치즈 간 것 60g(24개월 이상 숙성된 것 추천)
즉석에서 간 너트메그 가루 약간(취향에 따라 조절)
소금

고명

무염 버터 50g
파르미자노 레자노 치즈 간 것 50g(24개월 이상 숙성된 것 추천)

18쪽의 설명대로 파스타 반죽을 만든다. 클라우디아는 '반죽을 자른 단면에 작은 구멍들이 보이면 충분히 치댄 것'이라고 설명한다.

필링을 준비한다. 큰 냄비에 물을 팔팔 끓여 근대를 넣고 숨이 완전히 죽을 때까지 3분쯤 삶는다. 체로 건져서 차가운 물로 헹군 다음 물기를 최대한 꽉 짠다. 익힌 녹색채소의 양은 150g쯤 되어야 한다. 근대를 아주 잘게 썬다. 클라우디아 할머니는 근대의 식감을 어느 정도 살리기 위해 일반 칼 대신 메찰루나를 쓸 것을 추천한다.

큰 믹싱볼에 잘게 썬 근대와 리코타 치즈, 파르미자노 레자노 치즈를 넣고 고루 섞는다. 이어 너트메그를 넉넉히 갈아넣고 소금으로 간을 한다.

반죽을 4덩이로 자른 다음, 1덩이씩 세몰리나 가루를 훌훌 뿌려가며 약 10cm 폭의 길고 넓적한 띠 모양으로 민다. 당장 쓰지 않는 반죽은 수분이 마르지 않도록 비닐로 덮어둔다. 준비된 필링을 스푼으로 호두알만큼씩 떠서 기다란 반죽 위에 약 5cm 간격을 두고 일렬로 올린다. 필링이 완전히 덮이도록 반죽을 접은 다음, 안쪽부터 바깥쪽으로 필링 주변을 손으로 꼭꼭 눌러 공기를 빼주면서 반죽을 세심하게 봉한다. 토르텔리가 60개쯤 만들어진다.

칼이나 파스타 커터를 이용해 필링의 위쪽과 양쪽 옆 반죽을 각각 1cm의 여유를 두고 자른다. 준비된 필링을 다 쓸 때까지 지금까지의 과정을 계속 반복한다. 반죽을 자를 때 생긴 자투리는 모두 모아서 수프를 끓일 때 넣는다.

큰 냄비에 소금물을 끓인다. 약하게 끓기 시작하면 토르텔리를 넣고 5분쯤 삶는다. 토르텔리가 살짝 부푼 상태로 둥둥 떠오르면 다 익은 것이다. 토르텔리를 삶는 동안, 소테팬에 버터를 녹인다. 익힌 토르텔리를 슬로티드 스푼으로 건져서 녹인 버터에 넣는다. 버터와 파스타 삶은 물이 잘 어우러지도록 소테팬 손잡이를 잡고 살살 돌리며 섞는다. 서빙 접시에 토르텔리를 담고 버터 소스를 스푼으로 떠서 끼얹는다. 마지막으로 파르미자노 레자노 치즈 가루를 넉넉히 뿌려준다.

이 토르텔리는 버터 소스를 흠뻑 끼얹고
파르미자노 레자노 치즈 가루를 넉넉하게
뿌려야 맛있다. 둘 다 아끼지 말자!

마리아 할머니의

라비올리 인카차티

넉넉한 12~14인분

아스콜리피체노는 시빌리니 산맥이 어깨를 으쓱하듯 감싸안고 있는 형태의 매력적인 소도시다. 주변 일대는 몇몇 파스타 요리의 본고장이기도 한데, 그중 하나가 바로 라비올리 인카차티ravioli incaciati다.

라비올리 인카차티는 '치즈를 가득 넣은 라비올리'라는 뜻이다. 하지만 실제로 이 라비올리의 필링은 닭고기, 돼지고기, 치즈에 시나몬과 너트메그 같은 향신료를 섞어 만든다. 이 파스타는 전통적으로 사순절 시작 전에 열리는 카니발 때 먹는 별미다. 이 지역의 주부들이 대부분 그렇듯 마리아 할머니도 카니발 음식은 깜짝 놀랄 만큼 푸짐하게 준비한다. "저는 계량 같은 건 몰라요. 모든 걸 다 눈대중으로 하니까요. 엄마한테 배운 그대로 하는 거죠. 이 요리는 집집마다 고유한 레시피가 있답니다."

라비올리 인카차티를 현지에서는 '라비올리 디 파파ravioli di pappa'라고 부른다. 곤죽 같은 필링이 파파pappa, 즉 이유식과 비슷하기 때문이다. "필링은 나무 스푼으로 저을 수 있을 만큼 부드러워야 해요." 이번 촬영은 마리아 할머니의 넓은 오르토(텃밭) 옆에 세워진 '여름용 주방'에서 이루어졌다. 할머니는 2016년 지진으로 원래 살던 집을 떠나 가족 별장에서 지내고 있다. 라비올리는 냉동이 가능하며, 조리할 때는 해동하지 않고 곧바로 끓는 물에 넣는다.

치킨 스톡

유기농 자연방사 닭 1.7kg
시나몬 스틱 1개

파스타

00밀가루 또는 일반(다목적) 밀가루 500g
달걀 5개

필링

엑스트라버진 올리브유 4TS
깍둑 썬 돼지 등심 100g
화이트와인 100ml
삶은 닭고기(스톡에서 나온 것)
마른 식빵(가장자리 잘라낸 것) 200g
즉석에서 간 너트메그 가루 약간(취향에 따라 조절)
즉석에서 빻은 시나몬 가루 2ts
파르미자노 레자노 치즈(24개월 또는 36개월 숙성 제품) 또는 숙성된 페코리노 치즈 간 것 200g
달걀 2개
소금

고명

버터 30g
파르미자노 레자노 치즈 또는 페코리노 치즈 간 것 30g
시나몬 가루 1자밤

먼저 스톡을 끓인다. 큰 냄비에 닭고기와 시나몬 스틱을 넣고 재료가 잠길 만큼 물을 부어 끓인다. 팔팔 끓기 시작하면 불을 약하게 줄이고 1시간 동안 푹 끓인 뒤 그대로 식힌다. 어느 정도 식으면 닭고기를 건져서 살만 발라내고, 스톡은 잘 보관한다.

프라이팬(스킬릿)에 올리브유를 뜨겁게 달군 뒤 돼지고기를 넣고 10분쯤 지진다. 중간에 화이트와인을 조금 부어 팬에 눌어붙은 육즙을 녹인다. 속까지 완전히 익힌 돼지고기와 삶은 닭고기를 푸드 프로세서로 갈아서 토핑용 크럼블처럼 포슬포슬하게 만든다.

큰 볼에 딱딱하게 굳은 식빵을 담고 너트메그와 시나몬 가루를 조금 뿌린다. 그 위에 치킨 스톡을 빵이 전체적으로 촉촉해질 만큼 끼얹는다.

큰 볼에 고기 크럼블에 치즈 가루를 넣고 섞은 다음 달걀을 풀어넣고 고루 섞어 반죽한다. 너무 뻑뻑하면 스톡을 조금 추가해 지나치게 되직하지 않고 부드러운 '이유식' 같은 농도로 조절한다. 맛을 보고 소금, 시나몬 가루, 너트메그 가루를 적당히 더 넣어 짭짤하고 진한 맛의 필링을 완성한다. (필링을 파스타로 감싸면 맛이 한결 연해지므로 처음에는 양념을 약간 세게 해야 한다.)

파스타 반죽을 1~2mm 두께로 민 다음, 12cm 폭의 길고 넓적

한 띠 모양으로 자른다. 준비된 필링을 살구만큼 떠서 기다란 반죽 가장자리에서 안쪽으로 2cm쯤 들어간 지점에 올린다. 이어 약 10cm 간격을 두고 똑같이 필링을 일렬로 올린다. 필링이 완전히 덮이도록 반죽을 접은 다음, 컵을 잡듯 손을 구부린 상태에서 손날 부분으로 필링 주변을 꾹꾹 눌러 공기를 뺀다.

물결무늬 파스타 커터로 필링 주변을 따라 반죽을 둥그렇게 잘라서 반달 모양의 라비올리를 만든다. 이 라비올리를 반죽판에 세워놓고 둥그런 가장자리 부분에 드문드문 주름을 잡아준다. 이렇게 주름을 잡은 라비올리의 모양은 맨드라미와 비슷하다. 라비올리가 너무 커 보여도 놀랄 것 없다. 라비올리 인카차티는 원래 크게 만든다. 완성된 라비올리를 덧밀가루를 뿌린 쟁반에 놓고, 나머지 반죽을 다 쓸 때까지 같은 과정을 계속 반복한다. 원할 경우, 라비올리를 이 단계에서 바로 냉동해도 된다.

서빙 접시를 따뜻하게 데워놓고, 큰 냄비에 파스타를 삶을 소금물을 끓인다. 물이 팔팔 끓으면 라비올리를 넣고 다 익어서 위로 떠오를 때까지 6분쯤 삶는다. 그동안 작은 팬에 버터를 녹인 뒤 치즈 가루와 시나몬 가루를 섞는다. 익힌 라비올리를 건져서 서빙 접시에 담고, 버터 소스를 넉넉히 끼얹는다.

이다 할머니의

아뇰로티 델 플린

6~8인분

이다 할머니의 아뇰로티 델 플린agnolotti del plin 레시피는 170쪽의 '그레이비를 끼얹은 타야린' 레시피를 변형한 것으로, 여기서는 끈 모양의 파스타 대신 작은 라비올리를 만든다. 타야린은 쓰고 남은 그레이비를 활용하지만, 이 레시피에서는 쓰고 남은 고기를 사용한다. 라비올리에 채워넣는 필링은 같은 피에몬테 주 안에서도 지역마다 조금씩 차이가 있다. 이다 할머니처럼 세 가지 육류를 섞어 만드는 필링은 할머니가 사는 아스티에서 흔히 볼 수 있는 스타일이다. 이다 할머니는 시금치를 사용하지만, 양배추를 쓰는 사람들도 있다. 이 요리를 만들 때는 무조건 알뜰해야 하며, 채소를 버리는 일 따위는 있을 수 없다! 이 레시피는 집에 있는 모든 자투리 재료를 모아서 요리한다. 그래서 시간은 오래 걸리지만, 남은 음식을 마음 편히 처리할 수 있다는 장점이 있다.

이다 할머니는 고기를 갈 때 푸드 프로세서보다 수동 미트 그라인더를 이용할 것을 추천한다. 필링의 식감이 훨씬 좋아지기 때문이다.

파스타

00밀가루 400g
달걀 4개

필링

리조토용 쌀 30g
우유 또는 스톡(203쪽 참조) 100ml
버터 35g
시금치 100g
마늘 2쪽
깍둑 썬 돼지 어깻살 200g
깍둑 썬 송아지고기 또는 소 목심 200g
깍둑 썬 토끼 다릿살 200g
로즈메리 1줄기
화이트와인 75ml
달걀 1개
파르미자노 레자노 치즈 간 것 150g
즉석에서 간 너트메그 가루 약간(취향에 따라 조절)
소금

고명

버터 30g
세이지 잎 넉넉히
파르미자노 레자노 치즈 간 것

18쪽의 설명대로 달걀 파스타 반죽을 만든다.

반죽을 휴지시키는 동안 쌀에 우유나 스톡을 붓고 약한 불로 18분쯤 끓인다. 리조토를 만드는 것이 아니니 그냥 밥을 짓듯 쌀을 익히면 된다(정확한 조리시간은 포장에 적힌 설명을 참조한다). 쌀알을 씹었을 때 고들고들한 느낌이 날 정도면 충분하다.

프라이팬(스킬릿)에 버터 1TS을 녹인 뒤 시금치와 마늘 1쪽을 넣고 채소의 숨이 죽어서 부피가 확연히 줄어들 때까지 볶는다. 수분이 모두 날아가면 불을 끈 뒤 마늘을 빼내고 그대로 식힌다.

준비된 고기의 힘줄과 불필요한 지방을 제거한다. 남은 버터 1TS을 중간불로 녹인 다음 남은 마늘 1쪽을 넣고 1분 정도 익히다가 고기를 넣고 전체적으로 갈색이 되게 지진다. 이어 로즈메리와 함께 와인을 조금 끼얹는다. 알코올이 모두 증발되면 필요에 따라 조금 더 끼얹어도 좋다. 고기가 익는 데 걸리는 시간은 크기에 따라 다르지만 보통 10분 정도다. 고기가 약간 식으면 미트 그라인더에 갈거나 푸드 프로세서의 순간 작동 기능으로 다진다. (취향에 따라 고기에서 나온 육즙으로 그레이비를 만들어 파스타 소스로 써도 좋다.) 이어 시금치와 쌀을 똑같이 갈거나 다진 다음 고기와 고루 섞는다. 이때 상태는 페이스트처럼 질척이지 않고 포슬포슬해야 한다. 여기에 푼 달걀과 치즈 가루, 너트메그 가루를 넣고 잘 치댄 뒤 소금 간을 하고 맛을 본다. 필링을 파스타로 감싸면 맛이 연해지므로, 필링은 충분히 짭짤하고 진하게 양념해야 한다.

반죽을 글자가 비쳐 보일 만큼 최대한 얇게, 약 1mm 두께로 민 다음 약 12cm 폭의 넓적하고 기다란 띠 모양으로 자른다. 아뇰로티를 만드는 동안 나머지 반죽이 마르지 않도록 덮어놓는다.

준비된 필링을 기다란 반죽의 가장자리에서 약간 안쪽으로 들어간 곳에 ½ts씩 5cm 간격을 두고 일렬로 올린다. 반죽의 가장자리를 접어서 필링을 완전히 덮은 다음, 필링 주변을 꼭꼭 눌러 공기를 빼고 벌어진 가장자리도 단단히 눌러 봉한다. 파스타 커터로

가장자리를 잘라서 필링이 알알이 채워진 기다란 파스타 한 줄만 남긴다. 필링 사이사이의 반죽을 엄지손가락과 집게손가락으로 꼬집어서 골을 만든다. 이 요리의 이름인 아뇰로티 델 플린에서 플린 plin은 '꼬집다'라는 뜻이다.

필링의 양옆에 반죽이 몇 밀리미터만 남도록 꼬집은 부분을 파스타 커터로 자른다. 그러고 나서 필링 양쪽 끝을 접으면 아뇰로티가 깔끔하고 팽팽한 꾸러미처럼 보여서 독특하고 예쁘다. (개인적으로는 접힌 부분이 작은 귀처럼 보인다.) 완성된 아뇰로티의 길이는 2cm쯤 되어야 한다. 준비한 필링을 다 쓸 때까지 같은 과정을 계속 반복한다. (모든 과정은 이다 할머니의 동영상에 생생히 나와 있다!)

큰 냄비에 소금물을 팔팔 끓여 아뇰로티를 한꺼번에 넣고 삶는다. 물이 다시 끓어오른 시점부터 5분쯤 더 익힌 뒤 익었는지 먹어보고, 건져서 물기를 완전히 뺀다.

약한 불에 버터를 녹인 뒤 세이지 잎을 넣어 몇 분 동안 향을 우린다. 파스타를 서빙 접시에 담고, 버터 소스를 스푼으로 떠서 끼얹는다. 마지막으로 파르미자노 레자노 가루를 약간 뿌린다.

녹인 버터 대신 고기를 익힐 때 생긴 그레이비를 소스처럼 끼얹어도 된다.

기다란 띠 모양으로 자른 반죽의 가장자리에
간격을 두고 필링을 올린다.

꼬집은 부분을 파스타 커터로 바싹 자른다.

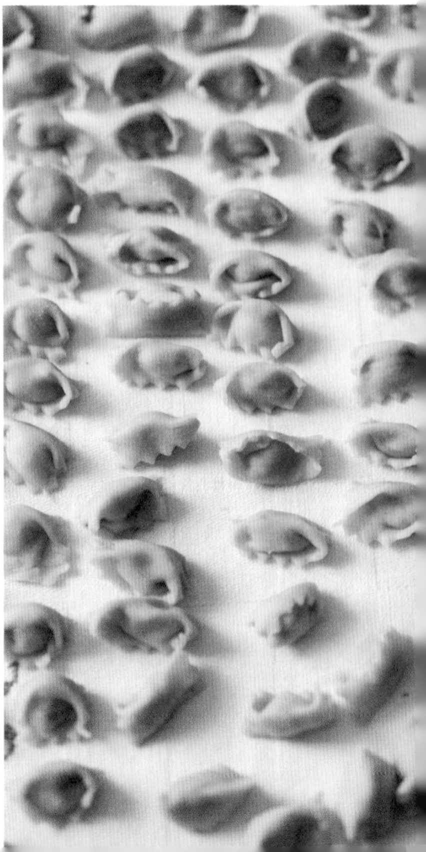

감사의 말

표지에는 내 이름만 나오지만, 이 책은 모두가 힘을 합쳐 만들어낸 결과물이다. 무엇보다 나를 기꺼이 자신의 부엌으로 초대해준 멋진 할머니, 할아버지들이 없었다면 이 책은 세상에 나오지 못했을 것이다. 우리 유튜브 채널에 나와주신 300명에 가까운 출연자 여러분, 그라치에 디 쿠오레grazie di cuore(진심으로 고맙습니다)!

우리 채널의 운영을 도와준 리비아 데 조반니, 찰리 윌리엄스, 안드레아 네리, 아만다 빌라로보스, 엘리아나 트로바토, 줄리아 & 피노 피카라, 잔루카 조르지, 메건 맥퀸, 헨리 베니슨, 올리비아 윌리엄슨, 게리 디벨에게 고마움을 전한다.

이 책이 나오기까지 전 과정에 도움을 준 수많은 사람들, 파울로 아리고와 그의 가족, 아나 아스브링크, 파울로 벨란투오니, 알레산드로 브라비와 그의 논나 마리아, 마리아 피아 카스텔리와 남편 엔리코, 모니카 체자라토, 애덤 셰르비스, 카르멜로 키아라몬테, 존 엘렉, 에토레 파비니, 파비오 페라라, 우르술라 페리뇨, 렌초 이바, 레나타, 라파엘레 & 발렌티나 자코바치, 카이민 존스, 미셸 러브릭, 모르트 & 시모나 미르가바메딘, 마리나 올루린, 닉 패튼, 안데르스 소데르겐, 웬델 스티븐슨, 카를라 토마시, 알렉시스 타이몬, 마르코 카리니, 마리오 페라라, 카리마 모예 노치에게도 고맙다.

하디 그랜트 출판사의 훌륭한 직원들(카얄 미스트리, 케이트 폴라드, 스티븐 킹, 에일라 퍼비스, 엠마 마리예비치, 로라 윌리스, 로라 엘드리지, 루스 튜크스베리), 멋진 촬영 팀(엠마 리, 인디 페트루치, 마리나 필리펠리, 키티 콜스, 이모겐 웍), 재능이 넘치는 디자인 팀(클레어 스키츠, 에비 오, 수잔 레)에게도 감사하다.

원조 파스타 할머니인 우리 엄마는 늘 곁에서 수족처럼 나를 보살펴주셨다. 나를 위한 지혜로운 상담사이자, 나의 가장 열렬한 팬인 우리 아빠는 내가 호기심을 키워 평생 모험가로 살아가는 데 큰 자극제가 되어주셨다. 마지막으로 남편 빌리 맥퀸, 그가 없었다면 나의 모험은 전혀 즐겁지 않았을 것이다.

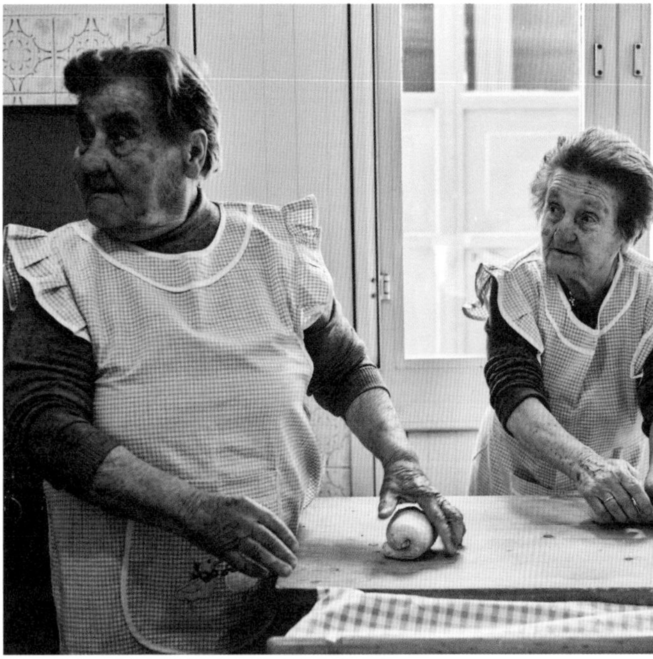

내가 만난

이탈리아 할머니들

주세파

Giuseppa

우리를 위해 파스타를 만들어줄 90대 할머니들을 찾을 때마다 나는 가슴이 설렌다. 그들은 자신이 만들고 싶은 요리를 무엇이든 뚝딱 만들어낸다. 파스타는 보너스일 뿐이다. 여기 여전히 활동적이고, (유튜브 촬영이라는) 살면서 전혀 예기치 못한 일도 기꺼이 받아들이는 여성들이 있다. 올해 아흔일곱 살인 주세파 할머니는 평생 살아온 집에서 우리를 맞이해주었다. 현관문이 열리는 순간부터 우리는 그녀에게 마음을 빼앗겼다. 최근에는 같은 건물에 사는 가족들이 그녀의 안부를 살피고 있다.

"제발 혼자서는 오르토(텃밭)에 가지 마시라고 아무리 말씀드려도 소용없어요."

주세파 할머니의 손자며느리가 골짜기 아래로 이어지는 가파른 언덕을 가리키며 한숨을 내쉰다.

"우리가 돌아선 순간 기다렸다는 듯이 가신다니까요!"

주세파 할머니에게 어린 시절에 대해 물어보았다.

"그다지 고생했던 기억은 없어요. 다만 무엇이든 닥치는 대로 먹어야 했죠. 대부분 채소와 콩 종류였는데, 그래서인지 지금도 그런 게 좋아요."

"어릴 때는 결혼 생각이 전혀 없었어요. 재단사 일이 너무 좋았거든요."

주세파 할머니는 다양한 종류의 옷을 제작했지만, 아름답게 흐르는 듯한 셔츠와 조끼로 이루어진 사르데냐 남자들의 전통 의상이 특기라고.

"지금도 우리 집안 남자들 아홉 명이 입는 옷은 내가 직접 만들어요. 속옷까지 전부요! 그들은 옷을 살 일이 없었어요. 지금도 수선까지 내가 다 해주고."

할머니는 직접 만든 옷을 보고 싶다는 내 부탁에 자신의 결혼식 예복을 들고 나왔다.

"내가 웨딩드레스 위에 걸쳤던 거예요. 빨간 꽃장식이 달린 드레스였죠. 그동안 두 번 리폼했어요."

그래서인지 지금은 그저 평범한 검은색 재킷이었다.

"요즘도 입고 다닌다니까요."

할머니는 자랑스럽게 말했다. 자신의 일을 그토록 사랑했던 그녀는 당시로서는 엄청 늦은 나이인 서른네 살에 결혼했다.

"남편이 나를 보고 반했다더군요. 그래서 나도 '좋다, 그럼 결혼하자'고 했죠."

그리하여 두 사람은 네 아들의 부모가 되었고, 그중 한 명은 지금도 매일 집으로 와서 어머니의 식사를 챙긴다.

"요즘은 입맛이 도통 없어서 요리에도 흥미를 잃은 것 같아요. 하지만 손님들을 위해 오랜만에 쿠키도 만들었죠!"

우리는 쿠키를 먹으며 체자리아 할머니의 로리기타 요리 영상을 주세파 할머니에게 보여주었다. 체자리아 할머니가 사는 마을은 자동차로 2시간 거리밖에 떨어져 있지 않지만, 주세파 할머니는 로리기타라는 파스타를 생전 처음 본다고 했다. 그러더니 그 자리에서 파스타 반죽을 약간 떼어 로리기타를 만들어보기 시작했다.

"아이고, 참 어렵네요! 아무래도 나는 더 작은 크기로 만들어야겠어요."

할머니의 말은 새삼 새로운 것을 배우는 데는 나이가 중요하지 않다는 걸 알려준다.

레시피: 토마토소스를 얹은 마카로네 데 운자 61쪽

아다
Ada

◀◀ '손톱 모양 파스타'를 만드는 주세파 할머니

◀ 자신이 살아온 이야기를 들려주는 아다 할머니

일흔아홉 살 아다 할머니는 이탈리아 남동부 아브루초 주에 있는 작은 산골 마을 오르투키오에서 평생을 살았다. 마을 건너편에 우뚝 솟아 있는 성에서는 한때 넓고 얕은 호수가 내려다보였다.

나는 이 지역 학교 교사에게 들은, 잘 알려지지 않은 역사 이야기에 마음이 끌린다. 서기 40년 무렵 로마 제국의 황제 클라우디우스는 시간이 날 때마다 로마를 떠나 이 지역 호수에서 수상 모의 해전을 벌였다. 이 호수의 여러 조건이 바다를 대체하기에 적합했기 때문이다. 19세기 들어 이 호수의 물이 완전히 마르면서 평평하고 비옥한 골짜기가 생겨났다. 이후 지난 20년 동안 이곳은 이탈리아 최대의 당근 생산지였고, 전통 작물인 감자와 콩도 여전히 재배되고 있다.

아다 할머니는 1남 7녀 중 막내다. 부모님은 젖소, 돼지 서너 마리에 밀, 채소 등 갖가지 작물을 조금씩 키우는 콘타디네contadine(농부)였다. 어머니는 평생 전통 의상을 입고 살았지만, 딸들은 그것을 거부했다. 농업이 기계화되기 전에는 일손이 귀했기 때문에 대가족 문화가 불가피했다. 그래서 아이들은 최소한의 교육만 받고 일찌감치 다른 가족과 함께 농사일에 뛰어드는 경우가 많았다. 아다 할머니도 의무교육 기간인 초등학교 5년 과정을 마친 뒤 열한 살 때인 1951년부터 농사일을 시작했다. 심지어 언니들 중 한 명은 무척 똑똑해서 1년을 앞당겨 열 살 때 초등학교를 마쳤다고 한다.

아다 할머니에게 어린 시절의 행복한 기억을 떠올리게 하는 음식은 감자와 콩을 넣고 끓인 수프인 미네스트라minestra다. 할머니는 요즘도 생일날이면 이 수프를 먹고 싶다고 한다. 레시피는 매우 간단하다. 소스팬에 올리브유를 넣고 중간불로 서서히 달군 뒤 잘게 썬 양파를 10분쯤 타지 않게 볶는다. 양파가 황금빛으로 부드럽게 익으면 삶은 보를로티 콩 250g을 추가해 함께 데운다. 그동안 또 다른 냄비에 껍질을 벗겨 잘게 썬 감자 1kg를

▼ 아다 할머니의 탈리올리

▶ 볼로냐 중앙 시장

▶▶ 도메니카 할머니와 토니 할아버지

담고 물을 감자 위로 2cm 정도 올라오게 붓는다. 물 양이 이보다 많으면 수프가 너무 흥건해진다.

감자에 소금 ½ts을 추가해서 불에 올린다. 팔팔 끓기 시작한 시점부터 5분쯤 더 삶아 감자가 푹 무르면 볶아둔 양파와 콩을 섞는다. 아다 할머니는 이 수프에 어울리는 곁들임 요리로 소금에 절인 청 칠리 페퍼를 추천한다.

아다 할머니의 남편 오타비오 할아버지는 원래 친오빠의 친구였다. 할머니 나이 스물한 살에 처음 만나서 2년 뒤 결혼했다. 두 사람은 함께 평생 농사를 지었고, 지금도 오르토에서 각종 채소를 키운다. 2000㎡ 남짓한 오르토 옆에는 오타비오 씨가 직접 지은 두 칸짜리 헛간도 있다. 이들은 밭에서 나오는 양배추며 콩, 양파, 마늘, 감자 등으로 거의 자급자족하며 살아간다. 예전에는 닭과 오리도 키웠지만, 어느 날 근처 아브루초 국립공원에 사는 암컷 마르시칸 갈색곰이 새끼들과 함께 닭장을 습격하는 사고가 일어났다.

"경찰을 붙잡고 하소연했어요. 보상을 받고 싶다고요. 그랬더니 우리는 국립공원 바깥에 살기 때문에 보상받을 자격이 안 된다더군요. 그래서 내가 되물었어요. 또다시 곰이 나타나면 죽여도 되느냐고요. 그랬더니 경찰이 죽여도 되는데 그럼 감옥에 갈 거라고 하지 뭐예요!"

마르시칸 갈색곰들은 자신들이 보호종이라는 것을 아는 듯 요즘도 종종 먹을 것을 찾으려 마을 근처에 나타난다고 한다.

레시피: 탈리올리 콩 수프 88쪽

도메니카

Domenica

도메니카 할머니 집을 방문하기로 한 날, 나는 자동차가 제시간에 도착할 수 있을지 걱정스러웠다. 도로는 좁고 험한 데다 옆은 아무것도 없는 낭떠러지였다. 눈 덮인 산들은 햇빛을 받아 눈부시게 반짝였다. 피에몬테 주 삼페이레 근처에 있는 작은 마을은 따스한 햇볕을 최대한 많이 받기 위해 모든 집들이 남쪽을 향해 있다. 긴 겨울 동안 쌓인 눈을 버텨내도록 지어진 산비탈의 집들은 포장용 돌처럼 크고 두툼한 슬레이트로 덮인 바둑판무늬 지붕을 단단히 붙잡고 있다. 도메니카 할머니와 남편 토니 할아버지의 집으로 이어지는 돌계단 아래쪽에는 통나무로 대충 지은 개집이 있었다. 현관문을 열고 들어가면 바로 부엌이 나왔는데, 연한 쑥색 벽이 장작 난로의 열기와 어우러져 따뜻한 분위기를 자아냈다.

도메니카 할머니는 수준급 바느질 솜씨를 자랑한다. 복잡한 무늬가 들어간 남편의 양말도 직접 실로 짠 것이었다. "실도 내가 직접 뽑는답니다!" 할머니는 5년마다 삼페이레에서 열리는 바이오 민속 축제 때 입을 남편의 의상도 만든다. 이 축제는 주변 마을 사람들이 모두 모여 10세기 아랍의 침략에 대항해 승리를 거두었던 일을 재연하고 기념하는 행사다. 마을 남자들은 아주 정교한 자수가 놓인 머리 장식과 조끼, 허리띠, 바지를 차려입는다. 물론 의상 스타일은 마을마다 모두 다르다. 여자들은 퍼레이드에 참여하지는 않지만, 남자들의 화려한 의상을 손수 바느질해서 만드는 데 큰 자부심을 느낀다. 도메니카 할머니는 유아 세례용 보닛 만드는 일도 좋아한다. 여아용 보닛에는 리본이 달려 있는데, 할머니는 그 리본을 상자에 따로 보관한다. "슬프게도 요즘 아기들은 이런 보닛을 더는 쓰지 않죠. 이것 좀 봐요. 내 조모께서 만든 거랍니다." 도메니카 할머니가 보여준 작은 모자는 화사한 무늬의 고급 순면을 조각조각 이어서 만든 것이었다. 솔기가 아기의 약한 두피에 거슬리지 않도록 세심하게 안감까지 덧대어져 있었다.

도메니카 할머니와 토니 할아버지는 두 분 다 운전을 하지 않는다. 물론 자동차도 없다. 할아버지의 보청기에 넣을 배터리 같은 생필품은 골짜기 아래에 사는 아들이 일주일에 한 번씩 사다준다. 한때 젖소를 키웠던 부부는 소떼를 몰고 알프스의 넓은 목초지까지 올라가 그곳에서 여름을 나곤 했다. 지금은 소를 키우지 않지만, 여전히 2시간씩 걸어서 알프스의 오두막을 찾는다. 전기도 들어오지 않는 그곳에서 부부는 6주 정도 오붓한 시간을 보낸다. "바로 얼마 전에도 콩과 감자를 심으러 갔어요. 그래야 먹을 게 생기니까요. 정해진 날짜는 없어요. 그냥 날이 따뜻해졌다 싶으면 가는 거죠. 이게 우리가 아는 삶이고, 바꾸고 싶은 생각은 없어요."

셀비나

Selvina

▼ 도메니카 할머니 집 발코니에서 본 풍경

▶ 자신의 이야기를 하는 셀비나 할머니

레시피: 라비올레 디 발레 바라이타 110쪽

크레모나는 작지만 잘 짜여 있는 도시로, 넓은 대로를 따라가면 곧장 성당으로 이어진다. 몇 킬로미터 밖에서도 보이는 성당의 첨탑은 포 강 골짜기의 평평한 농지에 찍힌 느낌표와 같다. 도시 외곽에는 어느 곳에도 이르지 않는 로마 도로 같은 길가에 자리한 작은 마을이 있다. 셀비나 베르투치 할머니는 바로 그 마을에 살았다. 안타깝게도 셀비나 할머니는 이 책에 실린 자신의 이야기를 보지 못한 채 2019년 4월 세상을 떠났다.

이른 봄날의 어느 일요일 아침, 우리는 셀비나 할머니의 감자 뇨키 레시피를 촬영하러 그녀의 집을 찾았다. 감자 뇨키는 할머니가 수십 년 동안 만들어온 음식이었지만, 그날은 조리하는 내내 수줍어하며 머뭇거리는 모습을 보였다. 다행히 할머니의 딸인 오리아나가 보조 요리사로서 침착하게 거들어주었다. 할머니가 자진해서는 한 마디도 할 것 같지 않았기에 내가 먼저 그녀에게 뇨키는 어떤 의미인지 물었다. 다음은 그 질문에 대한 할머니의 대답이다.

셀비나 할머니의 아버지 귀도 씨는 크레모나 동쪽에 있는 이졸라 도바레제에서 파드로네padrone(땅 주인)에게 고용되어 가축을 기르는 일을 했다. 가족들은 주인집이 있는 농장 옆에서 살았다. 귀도 씨는 적은 임금이나마 받았지만, 함께 일하는 어머니 산티나 씨는 한 푼도 받지 못했다. 당시에는 여성의 노동력을 하찮게 여겼기 때문에 파드로네는 임금을 곧잘 떼어먹곤 했다. 셀비나 할머니는 그러한 사회 풍토에 몹시 분개했다. "말도 안 되는 일이었지!" 대신 가족들은 보수의 일환으로 자신들이 키우는 가축의 고기에 대한 지분을 약간 받았다. 덕분에 달걀이며 토끼고기, 닭고기, 살루메salume(온갖 종류의 염장 돼지고기) 등을 맛볼 수 있었다. 살루메를 만드려면 농장에서 해마다 돼지를 잡아야 했고, 할머니는 이것이 끔찍하게 싫었다. 돼지를 잡는 날은 날씨가 꽤 추워지는 매년 11월 무렵이었다.

그러나 돼지 간은 가족들의 특별식이었다. 적당한 크기로 썬 돼지 간을 양파, 사과, 그 밖에 살루메를 만들 때 쓰고 남은 각종 향신료(후추, 세이지, 로즈메리 등)와 함께 구리 냄비에 담아 끓인다. 간이 다 익으면 향신료를 빼낸 다음,

토기 항아리에 스트루토(라드)와 함께 담아 오랫동안 두고 먹는다. 이 음식의 이름은 프리투라 디 마이알레frittura di maiale로, 돼지 간 대신 거위 간으로도 똑같이 조리할 수 있다. 먹을 때는 돼지 간을 따뜻하게 데워 스트루토를 녹인 뒤, 되직하게 끓인 폴렌타에 올려서 먹는다. 스푼으로 떠먹을 수 있을 만큼 부드러운 이 음식은 특별한 맛이라고 셀비나 할머니는 감탄하듯 말한다. “이 특별식은 이듬해 봄까지 먹었죠.”

셀비나 할머니가 여섯 살 때 전쟁이 시작되었다. 포 계곡에 있는 농장들에는 모두 벽돌로 지은 아주 큰 헛간이 있었다. 덕분에 셀비나 가족은 헛간 안쪽 깊은 곳에 있는 방에서 몰래 닭 다섯 마리를 옷장 안에 가둬두고 키울 수 있었다. 천장 가까이에 있는 창문은 통풍과 채광을 위해 늘 열어두었다. 그 시절 유일하게 풀어놓고 키울 수 있었던 동물은 번식용 암컷 토끼로, 혼자 마당을 자유롭게 뛰어다녔다. 공식적으로 등록된 닭도 있었는데, 이들이 낳은 달걀은 매주 파시스트들에게 상납해야 했다. 심지어 닭이 달걀을 낳지 않았을 때에도 무조건 달걀은 바쳐야 했기 때문에 귀도 씨는 물물교환을 하거나 돈을 주고 달걀을 샀다. 가족 사이에는 늙은 암탉은 공식 등록을 하고, 어린 암탉은 숨겨서 키운다는 합의가 있었다.

셀비나 할머니의 어머니는 이 귀한 달걀로 참벨로네ciambellone라는 고리 모양 스펀지케이크를 만들어주었다. 설탕이 없어서 단맛을 충분히 내기는 힘들었다. 당시의 설탕 배급량은 한 달에 고작 500g이었고, 대부분 힘든 노동을 해야 하는 아버지의 몫이었다. 아버지는 이 설탕을 우유에 타 마시거나 폴렌타에 뿌려 먹었다. 결과적으로 아이들은 충치를 앓을 일이 없었고, 어른들은 타다 남은 불씨로 구운 달큼한 비트에 올리브유를 끼얹어 먹으며 설탕에 대한 아쉬움을 해소했다. 하지만 셀비나 할머니가 어린 시절 설탕을 한 번도 맛보지 못했던 건 아니다. 할머니의 외조부모는 당시로서는 드물게 작은 집을 소유하고 있었고, 그 집에 과일나무가 있었다. 외갓집 다락방에 올라가 짚단으로 덮어둔 사과를 한 개 꺼내 먹는 시간은 어린 셀비나에게 소중한 기쁨이었다.

셀비나 할머니는 열여덟 살 때 댄스장에서 미래의 남편 루이지를 처음 만났다. “나는 춤을 전혀 못 췄어요. 하지만 친구들이 춤추기를 좋아했고, 마침 축제이기도 해서 그냥 따라간 거예요. 그런데 거기서 남편을 보고 첫눈에 반했죠.” 셀비나 할머니는 결혼 지참금을 모으기 위해 몬디나mondina로 일했다. 몬디나는 봄철 농번기에 약 40일 동안 논일을 거드는 임시직이었다. 할머니는 포 계곡 일대에 거주하는 부녀자 200명과 함께 특별 열차를 타고 롬바르디아 주의 주요 쌀 생산지인 베르첼리로 가게 되었다.

“그 일로 몇 년 동안 악몽에 시달렸답니다. 베르첼리에 도착한 첫날은 땅바닥에서 자야 했어요. 다음 날에는 8시간을 꼬박 일한 뒤 짚단으로 각자 자기 매트리스를 만들어서 부서진 야전침대 위에서 잤죠. 숙소는 쌀 창고 위층에 있었는데, 거기까지 올라가는 계단이 70단이나 되는 데다 불빛 하나 없는 암흑천지였어요. 한밤중에 변소에 갈 일이 생기면 정말이지 끔찍했죠. 그나마 첫해에는 아예 제대로 된 변소도 없었는데 이듬해엔 농장주가 땅에 구덩이를 파놓았더라고요.”

여자들은 오전에 6시간 교대 근무를 했다. “아직 어둑어둑한 꼭두새벽부터 일어나야 했어요.” 셀비나 할머니는 그 시절의 기억이 떠오르는 듯 고개를 절레절레

▼ 셀비나 할머니의 뇨키

▶ 마카로니를 만드는 라켈레 할머니

흔들었다. 처음에는 타이츠를 신었지만 별 도움이 되지 않았다. 그래서 할머니를 비롯한 여자들은 모두 맨다리에 치마나 바지를 걷어올리고 일했다. 논에 모를 심을 때는 조금씩 뒤로 걸으며 작업해야 했다. “문제는 논바닥에서 뭘 밟을지 전혀 알 수 없다는 거예요. 나는 다행히 괜찮았지만 다른 여자들은 많이들 물렸어요.” 무엇에 물렸다는 것인지는 모르지만, 할머니의 표정으로 보아 진심으로 무서운 존재였던 것은 분명했다.

오전 8시에 그들은 물과 파니노panino(샌드위치)로 간단히 아침을 먹었고, 12시 점심 식사로는 두 명의 요리사가 만든 미네스트라(수프)를 먹었다. “첫해에는 식재료를 종종 훔쳐가는 사람이 있었는데 그게 누구였지는 몰라요.” 미네스트라는 잘게 다진 판체타*에 감자, 콩 같은 채소를 듬뿍 넣고 끓인 수프에 작은 네모꼴의 디탈리니ditalini 파스타를 넣은 요리다. 이 수프는 일꾼뿐 아니라 농장주가 키우는 돼지들도 함께 먹었다. 돼지가 일꾼만큼 중요했기 때문이다. 일요일에는 주 1회 제공되는 고기를 특식으로 먹었고, 금요일에는 잼을 먹었다.

여자들은 가능하면 양껏 먹지 않으려고 애썼다. 계약상 급식이 임금에 포함돼 있었기 때문에 일터에서 덜 먹으면 더 많은 쌀을 집으로 가져갈 수 있었다. 그들은 일당 1kg의 쌀을 받았다.

셀비나 할머니는 그렇게 2년 동안 몬디나로 일한 뒤 고향으로 돌아가 속옷부터 코트까지 고객이 원하는 모든 의류를 만들어주는 재단사가 되었다. “모든 게 한 치의 오차 없이 완벽해야 했어요. 그렇지 않으면 스스로 만족하지 못했죠.” 얼마 후, 농업이 기계화되고 농약과 비료가 보편화되면서 몬디나라는 직종은 사라져버렸다.

레시피: 뇨키 콘 살시체 119쪽

라켈레

Rachele

풀리아 주의 작은 마을 산타가타는 풍력 발전기로 가득한 풍경 너머 해발 700m 고지에 자리 잡고 있다. 발전기는 날마다 늘어나고 있다. 이 장치가 가끔 생산해내는 전력의 혜택을 받지 못하는 마을 주민들로서는 결코 달갑지 않지만, 그렇다고 저지할 수도 없다. 무섭게 전진해오는 21세기 기술이라는 군대는 마을의 고대 건축물과 완벽한 부조화를 이룬다.

산타가타 마을을 이루는 중세 시대 주택들은 원래 있던 동굴 집에 조금 더 근대적인 벽돌과 회반죽을 더해서 지은 것이다. 집은 L자형인데 수평의 '굴'에 한 개의 방을 2~3층으로 수직 확장시킨 구조다. 지금까지도 방과 방은 사다리로 연결되어 있다. 옛날에는 집 맨 아래층에 가축우리를 두어 부수적인 난방 효과를 얻었다.

아흔여섯 살 라켈레 할머니의 집이 바로 그런 형태다. 할머니의 삶은 재투성이 신데렐라 이야기와 똑같다. 다른 점이 있다면 할머니는 재기가 넘치고, 그녀의 왕자님은 절대 한눈을 팔지 않는 옆집 소년이었다는 것뿐이다. 우리가 처음 만난 곳은 라켈레 할머니가 머물고 있는 노인 요양원이었다. 그곳은 마을 위쪽, 할머니의 원래 집에서 도보 10분 거리에 있다. 할머니가 요양원으로 거처를 옮긴 이유는 그렇게 하는 것이 친구들과 교류할 수 있는 가장 실속 있는 방법이어서였다.

5남매의 둘째로 태어난 라켈레 할머니는 아기 때부터 부모에게 못생겼다고 구박받았다. 그런 이유로 어린 나이에 집 아래층에서 키우는 당나귀며 토끼, 닭을 책임지고 돌봐야 했다. 먹이를 주고, 똥을 치우는 일을 도맡아 하는 그녀를 가족들은 '꼬질이'라고 불렀다. 음식에 관한 라켈레 할머니의 첫 기억은 여섯 살 때 조리 중인 음식을 휘저으려다 혼났던 일이다. 할머니는 그저 언니가 하는 것을 지켜보기만 해야 했다.

어린 라켈레는 반항의 의미로 암탉이 낳은 달걀을 몰래 먹었다. 그때 기억을 떠올리며 할머니는 웃음을 터뜨렸다. "달걀을 가지러 가는 건 내 일이었으니까요. 나는 닭이 춤을 추듯 특이하게 움직이면 방금 알을 낳았다는 뜻이라는 걸 알고 있었어요. 그럴 때면 곧장 알을 꺼내 그 자리에서 먹어치웠죠. 달걀이 어디 있느냐고 가족들이 물으면, 오늘은 암탉이 낳지 않은 것 같다고 둘러댔어요. 내 말을 믿을 수밖에 없었을 거예요. 먹고 남은 껍데기는 당나귀 똥 속에 숨겼거든!"

라켈레 할머니의 어머니 마리아 씨는 철물점을 운영했고, 아버지는 혼자 뉴욕으로 가버린 뒤 연락이 끊긴 지 오래였다. 가족들은 현재 미국에 라켈레 할머니의 이복형제자매가 있을 거라고 생각한다. 마리아 씨는 모성애가 넘치는 사람이 아니었다. 집에 놀러온 친척들이 라켈레 할머니의 여동생들을 예쁘다고 칭찬하면 마리아 씨는 대뜸 "그럼 어서 데려가서 키우든가요!"라고 말했다. 결국 여동생들은 친척집에서 자랐고 10년쯤 지난 뒤에 집으로 돌아왔다. 마리아 씨가 내어놓는 저녁 식사는 거의

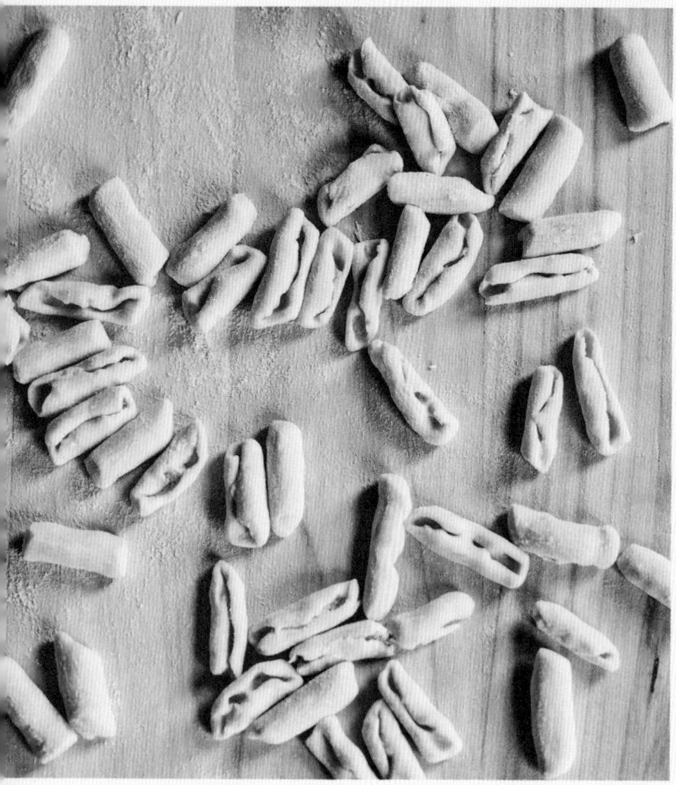

◀ 라켈레 할머니의 마카로니

▶ 마카로니를 만드는 로자 할머니

빵과 올리브뿐이었지만 아주 가끔 소시지가 나올 때도 있었다. 그럴 때면 아이들은 소시지를 씹지도 않고 삼키곤 했다. 그래야 배 속에 더 오래 남아 있을 거라 믿은 것이다.

제라르도는 어린 라켈레의 유일한 편이자 미래의 남편이었다. 라켈레를 처음 본 여섯 살 무렵부터 시작된 사랑은 수십 년 동안 변함없이 이어졌다. 제라르도는 종종 자진해서 밭으로 나가 일하며 라켈레 가까이에서 가축을 보살피고 정원을 돌보는 일을 거들었다. 그도 그럴 것이 라켈레는 돼지 먹이를 냄비에 담아 머리에 이고 가파른 언덕을 오르내려야 했고, 들판에서 일하다가 지쳐서 집에 돌아가지 못하고 그 자리에서 잠들 때도 있었다. 열일곱 살이 되자마자 제라르도는 마침내 라켈레에게 사랑을 고백하기로 마음먹었다. 그는 가장 탐스럽게 잘 익은 포도를 구해서 친구를 통해 라켈레에게 포도와 함께 다음과 같은 말을 전했다. "이 포도가 달콤하다고 생각한다면, 이걸 당신에게 준 남자는 얼마나 더 달콤할지 생각해봐요."

라켈레는 진심으로 그 포도가 평생 먹어본 포도 가운데 가장 달콤하다고 느꼈고, 그날 이후 두 사람은 절대 떨어지지 않았다.

부부가 된 두 사람은 해안 근처의 포자라는 도시로 이사했고, 그곳에서 제라르도는 철도 수리공으로 일했다. "그때가 내 인생에서 가장 행복한 시절이었어요. 남편과 나는 늘 집에서 오페라 아리아를 흥얼거렸어요." 라켈레는 남편이 직접 키운 타르체리로 만든 잼을 바게트에 발라서 점심으로 챙겨주었다. 제라르도는 집에서 포도를 발로 밟아 직접 와인을 만들기도 했다. "그렇게 만든 와인은 거의 시럽처럼 걸쭉했어요. 물론 그걸 좋아하는 사람은 남편뿐이었죠!"

라켈레 할머니에게 그 시절 가장 좋아했던 음식이 있느냐고 묻자 할머니는 어깨를 으쓱이며 이렇게 말했다. "가난할 때는 뭘 먹느냐는 중요하지 않아요. 무언가를 먹는다는 것 자체가 중요하지. 그래서 특별히 더 좋아하는 음식은 없지만, 카바텔리는 만드는 재미가 있어서 좋아요." 라켈레 할머니는 카바텔리를 제철 누에콩으로 만든 소스에 버무려 먹는 것을 좋아한다.

대화를 마무리하면서 나는 할머니에게 장수의 비결을 물었다. 할머니는 이렇게 대답했다. "글쎄, 나도 잘 몰라요. 아마 가족과 친구들, 그리고 하느님에 대한 사랑 아닐까요?"

레시피: 갑오징어 순대와 카바텔리 132쪽

◆◆◆◆◆◆◆◆◆◆◆◆◆◆◆◆◆◆◆◆◆◆◆◆

로자

Rosa

로자 할머니 집에 들어선 순간, 이상한 경보음 같은 것이 울렸다. 할머니가 친구들에게 급히 단축번호로 전화를 거는 소리였다. 촬영을 앞두고 너무 떨려서 친구들이 곁에 있어주기를 바랐던 것이다. 로자 할머니는 친구와 이웃들에 대한 애정이 각별하다. "맞아요. 사람들 사이에서도 좀 유명한 편이에요. 거리에 식탁을 차려놓고 피자를 40인분 가까이 만들어 이웃들과 나누어 먹기도 하죠." "장작 화덕이 있으세요?" 분홍빛 담장이 인상적인 한 중세풍 거리에는 식탁을 놓을 만한 공간도 없어 보였다. "네. 하지만 청소를 안 해서 보여드리진 못해요!"

로자 할머니는 이탈리아 남부 바질리카타 주에 있는 산골 마을 산타르칸젤로의 구시가지에 산다. 할머니는 높은 골짜기 위의 넓은 오르토와 과수원에서 직접 키운 과일과 채소를 시장에 내다 파는 콘타디나다. "부모님도 같은 일을 하셨어요. 그래서 나도 어릴 때부터 줄곧 이 일을 해왔죠. 나는 남자보다 농사일이 더 좋아요." 할머니는 어린애처럼 웃으며 말했다. "할머니가 좋아하신 남자는 누군데요?" 내 질문에 로자 할머니는 한쪽 눈썹을 치켜뜨며 고갯짓으로 어딘가를 가리켰다. 그곳에는 한 남자가 작업실에서 바구니를 만들고 있었다. "여기서는 말 못하니까 어서 안으로 들어갑시다!" 할머니는 다시 빙긋 웃었다. 작업실의 남자는 알고 보니 할머니의 사촌이었다. 대단한 입담꾼인 로자 할머니에게 우리는 점점 더 흥미를 느낄 수밖에 없었다.

로자 할머니는 그 마을 신부인 돈 에디조와 결혼했다. "나와는 스무 살이나 차이가 났어요. 내가 다니는 성당 사제이자 내 수학 선생님이셨죠. 그래서 그 사람한테는 아무 생각이 없었어요. 그 시절엔 나를 추앙하는 소년들이 많았는데, 그중 한 명을 데려가 괜찮은 것 같은지 물어보면 신부님은 언제나 '아니, 이 녀석은 너와 전혀 어울리지 않아.'라고 답했어요."

그즈음 돈 에디조는 자신의 소명에 의구심을 품고 있었다. 교구 사람들의 존경과 사랑만으로는 채워지지 않는 고독감이 그를 괴롭혔다. 그러던 차에 로자가 사제관의 식사 당번이 되어 나타난 것이다. 20대의 생기 넘치는 귀여운 아가씨가 매일 집으로 찾아와 갖가지 맛있는 음식을 만들어주었으니, 돈 에디조가 어떤 감정을 느꼈을지 상상하기란 어렵지 않다. 둘 사이에 첫아이가 생기자, 돈 에디조는 성직을 내려놓고 로자와 결혼했으며 이후 아이 둘을 더 낳았다. "이웃 마을 사람들까지 우리 첫아기를 보러 찾아왔죠. 달갑지 않았지만 결국 모두 와서 우리를 이해해주었어요. 돈 에디조는 사제로서 인기가 많았기 때문에 이후에도 사람들이 고민 상담을 위해 찾아오곤 했죠." 옛 기억을 떠올리는 로자 할머니의 눈가가 촉촉이 젖어들었다. "남편은 키가 크고 잘생기고 다정한 사람이었어요. 나는 남편과 자식들을 돌보는 게 참 행복했답니다."

할머니는 침실에 가서 가족사진이 여러 장 끼워진 커다란 금테 액자를 가지고 나왔다. 대부분 바로크식 성당 앞에서 결혼 예복 차림으로 찍은 사진이었다. 밝은 목소리로 사진 속 인물들에 대해 설명하던 로자 할머니는 갑자기 조금 침울해졌다.

"지금 이 사람들은 모두 제노바와 피렌체에 살죠." 이탈리아 남부 출신 사람들은 일자리가 많은 북부로 가서 사는 경우가 흔하다.

하지만 밭농사를 짓는 로자 할머니는 한가할 틈이 없다. 할머니의 밭에는 호스래디시를 비롯한 온갖 채소들이 자란다(바질리카타 주에 사는 주부들은 겨울철 미트 라구 소스에 호스래디시를 갈아넣는다). 한쪽에는 페페로네 디 세니제peperone di Senise라는 이 지역 특산 고추가 있다. 길쭉하고 과피가 얇은 이 붉은 고추를 실로 엮어서 처마에 매달아 말리면 페페로니 크루스키*가 된다. 이렇게 말린 고추는 빻아서 순하고 달큼한 파프리카 가루처럼 쓸 수 있다. 또 올리브유에 튀겨 과자처럼 먹거나 잘게 부수어 요리에 고명으로 뿌린다.

레시피: 염장 대구와 칠리 페퍼로 맛을 낸 마카로니 147쪽

이다

Ida

1925년생 이다 할머니는 어린 시절을 피에몬테 주 네빌리아에서 보냈다. "나는 여동생이 여섯이나 돼요. 남자형제도 한 명 있고요. 학교는 아홉 살까지만 다녔어요. 마을 학교에 그 이상의 학년은 없었거든요. 그래서 그때부터는 가족이 운영하는 작은 농장에서 일을 시작했어요. 내가 좀 더 자라 어느 정도 힘이 붙자 아버지는 농장 일꾼을 그만두게 하고 대신 나한테 그 일을 맡기셨어요. 양과 소들을 돌보고, 건초도 모으고, 뭐 그런 자질구레한 일들이었죠. 운 좋게도 우리 가족은 먹을 것이 부족하진 않았어요. 토끼와 닭도 키웠으니까요." 이처럼 그 시절 이탈리아 시골에는 반려동물이라는 개념이 없었다. 동물은 그저 일요일 점심 재료일 뿐이었다. "나는 못 먹는 게 없었어요. 요즘 젊은 사람들처럼 음식을 골라먹는 편식이라는 건 있을 수가 없었죠. 아침에는 보통

◀ 타야린을 살펴보는
이다 할머니

▶ 직접 가꾸는
장미꽃을 보여주는
이다 할머니

스콘 같은 걸 우유에 적셔 먹었어요. 점심은 타야린이고, 저녁은 폴렌타였죠. 일요일에는 어머니가 라비올리를 자주 만드셨고요."

이다 할머니는 전쟁에 얽힌 특별한 기억이 있다. "우리는 젊은 유대인 배우인 귀도 사체르도테를 18개월 동안 농장에 숨겨주었어요." 훗날 그는 〈케슬러 트윈스〉라는 제목의 뮤지컬 작업으로 유명한 텔레비전 프로듀서이자 영화감독이 되었다. "어느 날, 독일군이 우리 농장에 들이닥쳤어요. 실제로 귀도를 찾고 있었는지는 기억나지 않아요. 때마침 우리 집에서 돼지를 잡은 직후였는데, 그 시절에는 돼지고기가 무척 귀했기 때문에 아버지는 돼지와 귀도를 빼앗길까봐 안절부절못하셨죠. 우리는 귀도를 할아버지의 침대에 숨겼고, 아버지는 레드와인으로 군인들의 관심을 돌리려고 했어요. 그런데 그게 피를 불렀죠. 결국 군인들이 돌아간 뒤 어른들은 그라파(브랜디의 일종)를 마셔야 했어요."

"나는 스무 살에 결혼해서 이 마을로 이사를 왔어요. 그리고 시어머니께 요리를 배웠는데, 가장 자주 만든 건 타야린이었죠. 그 시절에는 가족들에게 파스타를 먹이려면 직접 반죽해서 만드는 수밖에 없었어요. 시어머니는 요리 솜씨가 좋으셨는데, 특히 보네트bonèt를 잘 만드셨어요." (보네트는 초콜릿, 럼, 곱게 빻은 아마레티amaretti로 만든 피에몬테 주의 명물 디저트로, 티라미수에 버금가는 대중적 인기를 끌어야 마땅하다고 생각한다.) "요즘은 나도 어깨가 아파서 기계로 파스타 반죽을 밀어요. 하지만 타야린은 여전히 칼로 썰죠. 기계로는 칼로 써는 것만큼 가늘게 썰기 힘들거든요." 타야린을 써는 칼은 날이 특히 얇고 예리해야 하며, 반죽을 돌돌 말기 전 세몰리나 가루를 고루 뿌려야 칼이 달라붙지 않는다고 할머니는 조언한다.

레시피: 그레이비를 끼얹은 타야린 170쪽
아뇰로티 델 플린 240쪽

▲ 사르데냐 주의
거리 풍경

▶ 시장의 토마토

▼ 빵집을 운영하는
루차 할머니의 아들
(187쪽)

마리아

Maria

여든다섯 살 마리아 할머니는 파엔차 남쪽 구릉지에서 농부의 딸로 태어나 자랐다. "어머니는 늘 두통을 앓으셨어요. 아버지는 다정한 분이셨지만 어린 자식들에게도 일을 시키셨죠! 4남매의 맏이였던 나는 가장 어려운 일을 맡았어요. 새벽 5시에 일어나 학교에 갈 때까지 소를 몰고 밭에 나가 쟁기질을 했어요. 그 일을 하지 않을 때는 집에서 파스타를 만들었죠. 대여섯 살 때부터 가족들의 식사를 책임졌던 것 같아요. 닭은 빚을 갚는 데 써야 했고, 달걀도 마찬가지였어요. 그래서 가족들이 먹는 파스타에는 물을 넣어서 달걀은 아주 조금만 썼어요.

지난 일은 별로 기억하고 싶지 않아요. 현재가 훨씬 나으니까요. 그 시절엔 두 사람이 먹으면 딱 맞을 닭을 가지고 여덟 식구가 나눠 먹어야 했어요. 그래서 주로 밭에서 키운 양파와 콩을 많이 먹었어요. 밀도 직접 재배했는데, 그걸 방앗간에서 빻아다가 파스타를 만들었어요. 색깔은 칙칙하고 식감이 너무 부들부들해서 솔직히 요즘 파스타보다 훨씬 못했죠."

마리아 할머니는 열 살 때 학교를 그만두고 농장에서 일했다. 일거리가 줄어드는 겨울철에는 재봉사로서 볼로냐의 고급 상점에서 판매되는 속옷류를 만들었다. "유명 오페라 가수도 내가 만든 옷들을 사갔어요!" 할머니가 남편을 만난 곳은 성당이었다. 그 시절 성당 안에서는 남녀가 따로 앉아야 했지만, 성당 밖에서는 남자들이 여자들의 관심을 끌려고 괜히 왔다 갔다 하곤 했다. 결국 마리아 할머니는 한 남자에게 대화를 허락했고, 그로부터 6년 뒤에 결혼했다. "남편은 탈리아텔레를 무척 좋아해요. 아마 일주일 내내 만들어줘도 좋아할 거예요."

▶ 파를 손질하는 마리아 할머니

레시피: 카펠레티 수프 204쪽

Mangia!
Mangia!

요리 상세 목차

1. 견과류와 허브

로제타 할머니의 **바질 소스 트로피에** 28

피에리나 할머니의 **크레시아 스폴리아타** 32

마우리치오 할아버지의 **페스토 알라 제노베제** 37

프랑코 할아버지와 알레산드라 할머니의
마저럼 드레싱을 곁들인 코르체티 38

로자 할머니의 **달콤한 와인으로 맛을 낸 탈리아텔레** 42

로베르토 할아버지의 **'털복숭이' 탈리아텔레** 45

파스콸리나 & 마리아 할머니의
토마토 앤초비 소스를 얹은 탈리아텔레 47

코르넬리아 할머니의 **호두 페스토 판소티** 49

안젤라 할머니의 **트라파니식 페스토 부지아테** 52

2. 채소

마르게리타 할머니의 **봄 채소 카바티** 56

마리아 할머니의 **칠리 페퍼로 맛을 낸 라스키아텔리** 58

주세파 할머니의 **토마토소스를 얹은 마카로네 데 운자** 61

마리아 할머니의 **브로콜리 토마토소스 사녜** 63

가이아의 **토마토소스 쿨루르조네** 64

펠리카 할머니의
튀긴 가지를 넣은 토마토소스 바질 파스타 69

마리아 루이자 & 메나 할머니의 **아티초크 페투치네** 72

주세피나 할머니의 **마늘 토마토소스에 버무린 피치** 75

루차나 할머니의 **'가짜 라구' 소스 움브리첼리** 76

라우라 할머니의 **발텔리나 피초케리** 79

로자 할머니의
완두콩을 곁들인 '밀짚'과 '건초' 탈리아텔레 80

피나 할머니의 **샬롯 소스에 버무린 쿠르출** 83

마리카의 **포르치니 버섯을 곁들인 스트라포니** 84

3. 콩

아다 할머니의 **탈리올리 콩 수프** 88

체자리나 할머니의 **피아첸차식 파스타와 콩** 91

카르멜라 할머니의 **레체산 콩을 넣은 카바텔리 리가티** 92

안나 할머니의 **콩 크레슈타이엣** 97

에우제니아 할머니의 **프레굴라 콩 수프** 98

마리아 & 로자리아 할머니의 **병아리콩 파스타 수프** 100

레티치아 할머니의 **말린 누에콩 퓌레 탈리아텔레** 103

조반나 할머니의 **붉은 강낭콩 수프 탈리올리니** 105

루이자 할머니의 **병아리콩 마나타** 106

4. 감자와 뇨키

도메니카 할머니의 **라비올레 디 발레 바라이타** 110

도메니카 할머니의 **토마토소스 감자 뇨키** 115

퀸티나 할머니의 **병아리콩 뇨케티** 116

셀비나 할머니의 **뇨키 콘 살시체** 119

올가 할머니의 **카네데를리** 120

주시의 **토마토소스 은둔드리** 123

루차 할머니의 **빵가루 완자를 곁들인 사녜** 125

로자 할머니의 **시금치 리코타 뉴디** 129

5. 해산물

라켈레 할머니의 **갑오징어 순대와 카바텔리** 132

리나 할머니의 **참치, 아티초크, 새우 타쿠나** 134

로제타 할머니의 **정어리 파스타** 137

베아트리체 할머니의 **해산물 보리 마카로니** 139
반다 할머니의 **새우 탈리올리니** 142
로자 할머니의
염장 대구와 칠리 페퍼로 맛을 낸 마카로니 147
테레자 할머니의 **홍합 마리타티 파스타** 149

6. 육류
프란카 할머니의 **볼로냐식 클래식 라자냐** 154
알바 할머니의 **라구 소스 탈리아텔레** 157
토니나 할머니의 **집시 소스에 버무린 가르가넬리** 161
파스콸리나 할머니의 **오븐에 굽는 타란토식 라자냐** 162
안젤리나 할머니의 **닭간 스튜를 올린 파파렐레** 166
베네데토 할아버지의 **멧돼지 라구 소스 파파르델레** 169
이다 할머니의 **그레이비를 끼얹은 타야린** 170
실바나 할머니의 **무젤로식 감자 라비올리** 172
도리아나 할머니의
판체타로 맛을 낸 파로 탈리올리니 179
에밀리아 할머니의
기타로 만든 스파게티와 미니 미트볼 180
비올레타 할머니의 **새끼염소 라구 소스 마카로니** 185
루차 할머니의
살라미와 호스래디시로 맛을 낸 라스키아텔리 187
체자리아 할머니의 **치킨 로리기타** 191
반나 할머니의 **치치오네두스와 양고기 라구 소스** 193
루차 & 카테리나 할머니의 **미트볼 파스타** 196

7. 국물 파스타
스톡(보르도) 203
마리아 할머니의 **카펠레티 수프** 204
지젤라 할머니의 **스폴리타 로르다** 207
크리스티나 할머니의 **토르텔리니 수프** 209
사라 할머니의 **파사텔리 수프** 212
지나 할머니의 **파르마식 미트 라비올리** 215
안나 할머니의 **공작부인의 달팽이 파스타** 216
벨리아 할머니의 **카펠레티 수프** 218

8. 라비올리와 토르텔리
반다 할머니의 **호박 카펠라치** 224
모니카 할머니의
리코타 치즈와 레몬을 품은 바구니 파스타 227
주시 할머니의 **바르바리가 카존첼리** 230
레온디나 할머니의 **쐐기풀 토르텔리** 232
클라우디아 할머니의 **허브 토르텔리** 236
마리아 할머니의 **라비올리 인카차티** 238
이다 할머니의 **아뇰로티 델 플린** 240

주석

구안찰레guanciale
돼지 항정살, 두항정살, 볼살 등으로 만든 이탈리아 중부 특산 베이컨 ▸72

너트메그 그레이터nugmeg grater
너트메그 강판. 국내에 다소 생소한 이 도구는 원통형으로, 한국인에게 보다 익숙한 레몬 그레이터로 대체된다. 레몬 그레이터는 약간 볼록하게 휘어진 데다 구멍도 나 있어 실제로 마카로네 데 운자 만드는 금속판에 더 가깝고 쓰기도 용이하다. ▸61

라르도lardo
비계가 대부분인 돼지 등 부위를 각종 양념과 허브로 염지해 만든 가공육. 판체타나 훈제하지 않은 삼겹살 베이컨으로 대체되기도 한다. ▸91, 97

리코타 살라타ricotta salata
리코타 치즈에 소금을 넣고 압착해 90일 이상 숙성시킨 치즈 ▸16, 58, 63, 197

살사 베르데salsa verde
바질, 마늘, 앤초비, 칠리 페퍼, 레몬즙 등을 올리브유와 함께 갈아 만든 초록색 소스 ▸203

스트라투strattu
시칠리아 지역 특산 토마토 페이스트 ▸16, 137

스파게티 볼로녜제spaghetti Bolognese
고기가 들어간 토마토소스 스파게티로, 전 세계에서 가장 대중적인 파스타 ▸157

스페크speck
돼지 뒷다리를 소금으로 염지 후 훈제한 북부 이탈리아식 햄 ▸92, 120

싱글 크림single(light) cream
유지방 함유량 18~20퍼센트의 맛이 연한 크림. 과일, 푸딩 등에 끼얹거나 수프, 소스 등을 만들 때 사용한다. ▸110

아그리투리스모agriturismo
숙소에 딸린 식당으로, 일종의 농가 게스트하우스 ▸84, 157, 179

카바텔리 리가티cavatelli rigati
골이 팬 모양의 카바텔리 ▸92

캐스터 슈가caster sugar
그래뉴당을 곱게 간 것 ▸33, 137

코르체티corzetti
동전처럼 양면에 모두 문양이 들어간 파스타 ▸38, 40

탈리올리니tagliolini
탈리올리니는 탈리올리tagliolo보다 가느다란 탈리아텔레면이다. 이탈리아어의 끝에 '–ini'가 붙으면 더 작은 걸 뜻한다. ▸88, 105, 142, 170, 179

판체타pancetta
돼지 뱃살을 염장하고 향신료로 풍미를 더한 후 바람에 말려 숙성시킨 이탈리아식 염장육. 베이컨과 부위는 동일하나 훈제 유무에 차이가 있다. ▸55, 72, 80, 88, 91, 92, 97, 155, 158, 161, 169, 179, 258

페투치네fettuccine
탈리아텔레보다 폭이 1mm쯤 좁고 약간 더 두꺼운데, 실제로 둘은 서로 대체된다. ▸72, 73

페페로니 크루스키peperoni cruschi
바질리카타 주 특산 말린 고추. 바삭하고 단맛이 강해 과자처럼 먹을 수 있다. ▸147, 262

찾아보기

파스타 종류

가르가넬리 **161, 216**
뇨케티(치체르키에) **116, 193**
뇨키 **9, 61, 109, 110, 115, 119, 123, 193, 256, 258**
뉴디 **129**
라비올레 **110, 256, 267**
라비올리 **10, 12, 22, 49, 64, 129, 172, 203, 215, 230, 238, 240, 263**
라스키아텔리 **58, 187**
라자냐 **22, 154, 162**
루비델리 **137**
마나타 **106**
마사 **100,**
마카로네 데 운자 **61, 252**
마카로니(민키아레디) **17, 21, 52, 137, 139, 147, 185**
말로레두스 **9**
부카티니 **137**
부지아테 **52**
사녜 **21, 63, 125, 196**
수시엘라 **125**
스트라포니 **84**
스폴리아타(슈트루델) **32**
오레키에테 **17, 21, 149**
움브리첼리 **75, 76**
은둔드리 **123**
체스티니 **227**
카네데를리 **120**
카바텔리(마케로니 아 데시타) **17, 21, 91, 92, 132, 161, 216, 260**
카바티 **56**
카존첼리 **230**
카펠라치 **224**
카펠레티 **12, 204, 207, 218**
코르제티 **38, 40**
쿠르출 **83**
크레슈타이엣 **97, 216**
쿨루르조네 **64**
타쿠나 **134**
탈리아텔레 **9, 12, 20, 22, 42, 45, 47, 73, 80, 83, 84, 100, 103, 106, 157, 179, 232, 265**
탈리올리(니), 타야린 **88, 105, 142, 170, 179, 240, 263**
토르텔리(니) **172, 203, 209, 218, 223, 232, 236**
트로피에 **28, 30**
파사텔리 **212**
파파르델레 **20, 169, 216**
펜네 **161**
폴페토네(미트로프) **196**
프레굴라 **98**
폴렌타 **97, 116, 180, 212, 257, 263**
폴페티네 **196**
피초케리 **79**
피치 **75, 76**

치즈

그라나 파다노 치즈 **15, 28, 79, 230**
로비올라 치즈 **110, 204, 207**
리코타 치즈 **10, 16, 28, 56, 58, 63, 123, 125, 129, 197, 204, 207, 227, 232, 236**
발텔리나 카세라 디오피 치즈 **79**
부차텔로 치즈 **204**
스카모르차(프로볼라, 모차렐라) 치즈 **69, 123, 163**
염소 치즈 **67, 110**
파르미자노 레자노(파르메산) 치즈 **10, 15, 28, 37, 49, 69, 76, 79, 80, 83, 88, 91, 110, 115, 119, 120, 123, 129, 134, 157, 161, 163, 169, 170, 173, 197, 204, 207, 209, 212, 215, 216, 219, 224, 227, 230, 233, 236, 238, 240**
페코리노 치즈 **10, 16, 28, 37, 61, 67, 72, 76, 97, 116, 125, 163, 179, 181, 188, 191, 193, 197, 238**
프레신세우아 치즈 **28**

해산물&육류

갑오징어 **132**
구안찰레 **72**
닭 **49, 76, 170, 191, 203, 216, 218, 238, 256**
닭간 **166**
돼지 **17, 72, 92, 120, 155, 158, 163, 169, 170, 172, 179, 181, 187, 197, 203, 209, 219, 230, 238, 240, 253, 256, 260, 263**
돼지비계 **16, 97**
라르도 **91, 97**
모르타델라 **209, 219**
보니토 **134**
살라미 **10, 187**
새끼염소 **185**
새우 **134, 140, 142**
소 **92, 120, 155, 158, 163, 172, 181, 197, 203, 215, 216, 219, 240, 255, 262, 265**
소시지(살시체) **55, 83, 97, 119, 163, 180, 219, 260**
송아지 **163, 170, 181, 219, 240**
오징어 **132, 140**
정어리 **137**
참치 **92, 134**
칠면조 **218**
카노키에(갯가재) **142**
카포콜로 **187**
토끼고기 **10, 170, 172, 240, 256**
파파렐레 **166**
판체타 **55, 72, 80, 88, 91, 92, 97, 155, 158, 161, 169, 179, 258**
팔라미타(보니토) **134**
페가디니 **166**
페페로니 **147, 262**
프로시우토 **209, 236**
햄 **92, 163, 209, 219, 230, 232**
홍합 **140, 149**

그 외

감자 **64, 79, 110, 115, 119, 123, 172, 253, 255, 256, 258**
건포도 **32**
그레이비 **170, 240**
근대 **45, 129, 236**
껍질콩 **9, 28**
너트메그 **91, 123, 129, 155, 158, 169, 173, 181, 197, 204, 207, 211, 212, 215, 216, 219, 224, 230, 233, 236, 238, 240**
네피텔라 **84**
듀럼밀 **15, 21, 22, 52, 134, 135, 154**
레몬 **33, 72, 134, 203, 212, 227**
로즈메리 **88, 91, 163, 166, 169, 170, 193, 218, 240, 256**
메밀 **15, 79**
무늪리(브로콜레티 살렌티니) **63**
미강유 **162**
미트볼 **162, 180, 196, 211**
바닐라 **33**
바질 **10, 28, 37, 38, 47, 52, 58, 61, 67, 69, 98, 106, 123, 193, 197, 203**
버섯 **69, 80, 84, 161, 172**
베샤멜 **155**
병아리콩(체치) **98, 100, 106, 116**
보를로티(크랜베리) 콩 **88, 91, 97, 105, 253**
브라시카 **63**
브로콜리 **63**
사과 **33, 52, 256**
사프란**67**
샬롯 **83, 115**
설탕 **32, 42, 123, 137, 257**
세이지 **105, 129, 169, 193, 224, 230, 233, 240, 256**
셀러리 **12, 45, 97, 105, 115, 155, 158, 163, 169, 173, 181, 203, 215**
수고 핀토 **76, 88**
스톡(브로도) **201, 203, 204, 207, 211, 212, 215, 216, 218, 230, 238, 240**
스트라투 **16, 137**
스트루토(라드) **16, 257**
스페크 **92, 120**
시금치 **45, 49, 80, 129, 230, 233, 240**
시나몬 **33, 42, 169, 216, 227, 238**
쌀 **240, 257**
쐐기풀 **45, 49, 232, 236**
아몬드 **52**
아스파라거스 **56, 58**
아티초크 **72, 134**
연질밀 **15, 144**
올리브 **149, 161, 215, 230, 260**
와인 **38, 42, 47, 69, 76, 83, 140, 155, 157, 166, 169, 170, 179, 180, 191, 197, 215, 218, 238, 240**
완두콩 **56, 80, 88, 91, 116, 211, 219**
우유 **9, 16, 49, 69, 91, 110, 120, 123, 125, 129, 132, 155, 157, 204, 232, 240, 257, 263**
월계수 잎 **88, 91, 103, 123, 125, 158, 166, 169, 193, 203**
잣 **28, 37, 38, 49, 52**
초콜릿 **32, 38, 169, 263**
칠리 페퍼 **9, 45, 47, 58, 63, 75, 103, 144, 147, 149, 161, 169, 179, 197, 203, 254, 262**
캐스터 슈거 **33, 137**
코코아파우더 **33**
콜리플라워 **63**
파로(에머 밀) **15, 179**
파바빈 **58**
파사타 **9, 16, 47, 55, 61, 67, 75, 76, 80, 83, 88, 91, 97, 106, 115, 116, 125, 132, 137, 149, 155, 157, 161, 173, 181, 185, 191, 193, 197**
파프리카 **147, 262**
페페론치노/카옌페퍼 **47, 83, 134, 161, 169**
펜넬 **10, 56, 98, 103, 137, 144**
프레보존 **49**
호두 **33, 42, 47, 49, 67, 76, 123, 129, 173, 233, 236**
호박 **212, 218, 224**
호스래디시 **187, 262**

기타

강판 **137, 163, 169, 187**
라스키에토 **17**
마타렐로 **17**
맷돌 **105, 154, 180**
메ckf루나 **155, 236**
믹서 **18, 33, 61, 75, 105, 123, 125, 158, 227**
세콘도 **10, 88, 133**
스크레이퍼(반죽칼) **17, 18, 28**
전자저울 **17**
페레토 **17, 139, 140, 146, 147, 185**
페티네 **161, 216, 217**

지역

레체 **63, 92**
리구리아 **28, 38, 40, 49**
마르케 **10, 17, 45, 73, 212, 218**
모데나 **236**
모디카 **56**
무젤로 **172**
바질리카타 **42, 47, 106, 147, 185, 187, 261**
발텔리나 **79**
볼로냐 **115, 154, 157, 209, 218, 227, 254, 265**
사르데냐 **9, 61, 64, 98, 191, 193, 252, 264**
세라데콘티 **10**
셀바 **120**
시칠리아 **16, 52, 56, 103, 134, 135, 137**
아브루초 **106, 116, 180, 203, 232, 254**
에밀리아로마냐 **17, 18, 73, 80, 83, 91, 169, 204, 212, 224, 232**
움브리아 **17, 75, 76, 179**
친골리 **10, 218**
카스텔누오보 **84**
칼타벨로타 **137**
캄파니아 **15**
크레모나 **119, 215, 256**
토리노 **162**
토스카나 **17, 37, 84, 105, 129, 169**
트라파니 **52**
파르마 **215, 236**
파엔차 **83, 204, 207, 232, 265**
풀리아 **15, 63, 100, 125, 132, 149, 162, 196, 259**
프라다 **37**
피렌체 **172, 262**

지은이 **비키 베니슨** Vicky Bennison

비키 베니슨은 오랫동안 시베리아, 남아프리카공화국, 투르크메니스탄 같은 곳에서 국제 개발 활동가로 일했다. 그 후 '제대로 된 한 끼 식사'에 대한 생각이 늘 머릿속을 떠나지 않았던 그녀는 본격적으로 음식 모험기를 쓰기 시작했다. 우연히 지인의 집에 초대되어 가정식 파스타의 매력에 빠져들고, 전문 셰프가 아닌, 평생 가족들을 먹여온 위대한 할머니들의 살아 있는 레시피를 채집하기 위해 이탈리아 전역을 돌아다니기 시작한다. 펴낸 책으로 《이태리 할머니 파스타》《장소의 맛》《스페인의 계절 음식》(공저) 등이 있다. 작가가 2014년 시작한 유튜브 〈파스타 할머니들Pasta Grannies〉은 어느덧 100만 구독자의 사랑을 받는 유명 채널로 성장, 지금도 활발히 운영되고 있다. 〈파스타 할머니들〉의 공식 레시피북인 《이태리 할머니 파스타》는 원조 레시피를 생생하게 아카이빙한 공로를 인정받아 2020년 미국 '요식업계의 아카데미상'으로 통하는 제임스 비어드 어워드(JBA)의 요리책 부문을 수상했다.

옮긴이 **김현희**

대학에서 프랑스어와 영어를 공부하고 출판사에서 책 만드는 일을 했다. 지금은 외국의 좋은 책들을 쉽고 바른 우리말로 옮기는 일을 하고 있다. 옮긴 책으로는 프랑스의 전설적인 셰프 폴 보퀴즈 요리학교의 레시피를 모은 《앵스티튀 폴 보퀴즈》, 영화 〈줄리 앤 줄리아〉의 실제 모델인 셰프 줄리아 차일드의 《프랑스 요리의 기술》과 케이크 요리책 《레이어드》 등이 있고, 그밖에 《이것저것들의 하루》 시리즈, 《언니들의 세계사》《사람이 되는 법》 등 다수의 어린이책이 있다.

이태리 할머니 파스타
논나들이 물려주는 이탈리아 가정식 비법

1판1쇄 펴냄 2024년 4월 10일
1판2쇄 펴냄 2024년 4월 22일

지은이 비키 베니슨 옮긴이 김현희

펴낸이 김경태
편집 홍경화 양지하 한홍비 디자인 박정영 김재현
마케팅 김진겸 유진선 강주영

펴낸곳 (주)출판사 클
출판등록 2012년 1월 5일 제311-2012-02호
주소 03385 서울시 은평구 연서로26길 25-6
전화 070-4176-4680 팩스 02-354-4680 이메일 bookkl@bookkl.com

ISBN 979-11-92512-76-1 13590